ACCADEMIA NAZIONALE VIRGILIANA
DI SCIENZE LETTERE E ARTI

LEDO STEFANINI – EMANUELE GOLDONI

SULLE DISSERTAZIONI SCIENTIFICHE MESSE A CONCORSO DALLA REALE ACCADEMIA DI SCIENZE, LETTERE E ARTI (1768-1794)

Supplemento a «ATTI E MEMORIE» Volume LXXXII (2014)

MANTOVA 2016

ISBN 978-1532743580

SULLE DISSERTAZIONI SCIENTIFICHE MESSE A CONCORSO DALLA REALE ACCADEMIA DI SCIENZE, LETTERE E ARTI (1768-1794)

La Reale Accademia di Mantova nacque dalle ceneri dell'Accademia dei Timidi nel 1767 per decreto dell'imperatore Giuseppe II d'Asburgo-Lorena (figlio di Maria Teresa), principalmente con lo scopo di mutarne radicalmente gli orientamenti essenzialmente ispirati ad una vuota erudizione arcadica.

Gli intendimenti sono chiaramente esposti dall'imperatore in una lettera al conte di Firmian della metà del 1767

[...] dovrà estendersi la [...] nuova Accademia alla cultura e alla meditazione delle scienze gravi e conseguentemente rivolgersi l'applicazione degli individui di essa agli studi più interessanti e più utili alla società [per esaminare gli] oggetti che tendono direttamente al bene dello Stato e che la Maestà sua intende di specialmente proteggere.[1]

Solo alcuni mesi separano questa lettera dalla costituzione effettiva (4 marzo 1768) della Reale Accademia di Scienze, Lettere ed Arti che ingloba al suo interno i resti delle vecchie accademie mantovane e le nuove scuole di belle arti, pittura e scultura.

Si cadrebbe tuttavia in errore se si ritenesse che l'istituzione dell'Accademia a Mantova fosse dovuta solo ad un intervento del governo di Vienna nelle persone del conte Carlo Firmian, plenipotenziario della Lombardia Austriaca, del barone Giuseppe de Sperges, l'ufficiale intimo di Stato per gli affari d'Italia, e del principe Venceslao Antonio Kaunitz che ne approvarono gli atti costitutivi. Scriveva infatti Girolamo Murari, facendo un bilancio di un quarto di secolo di vita dell'Accademia, alla vigilia della fine:

Sarebbe eccesso di ingratitudine se qui pure non si rammentasse, che sì l'erezione dell'edificio, sì la creazione del Corpo Accademico furono tutta cura e tutta impresa dell'egregio Conte Carlo Ottavio di Colloredo e del celebre letterato Abate Pellegrino Salandri. Questi rappresentò all'ottimo Conte la necessità di abbandonare una volta

---

[1] Lettera di Giuseppe II al conte Carlo di Firmian del 20 luglio 1767, riportata da LUIGI CARNEVALI, *Cenni storici sull'Accademia Virgiliana di Mantova*, in «Atti e Memorie della R. Accademia Virgiliana di Mantova», biennio 1885-86 e 1886-87, Mantova, Mondovì 1887, pp. 32-33.

gl'infecondi poetici esercizj e di sostituirvi ad esempio delle più famose Accademie d'Europa le utili filosofiche discipline.[2]

Gli intendimenti erano ambiziosi e basati sull'assioma che il sapere non è tale se non riconosce come proprio fine il miglioramento delle condizioni di vita dei sudditi e il benessere della Stato. A imitazione delle maggiori accademie d'Europa, fra i compiti della Reale Accademia vi era quello di bandire ogni anno un concorso su un tema proposto dall'Ufficio di Presidenza. Alle quattro migliori dissertazioni o, come si diceva allora 'coronate', una per classe, si assegnava un premio e il diritto alla pubblicazione negli Atti. A ciò furono impegnati il Presidente e il Segretario, in ossequio ad un vero e proprio decreto imperiale che ne stabiliva le modalità:

Que quidem exercitationes quocumque sive Dissertationis, sive Tentaminis, Sermones, vel Epistolae nomine inscribantur, ad normam in Codice praeceptam illi, qui a Secretis est, transmissae, a Censoribus in examen vocabuntur, ut singulis escussis suum ex quavis classe dignissime premium ad anni finem adjudicetur. Hinc etiam ad amplius Academiae decus, & fervoris incitamentum perlubenter annuimus ut quatuor aurea Numismata, unumquodque octo aureorum praetium aequans, quot annis excudantur atque eadem antiqua sui parte Nostram, & Imperatoris Corregentis Effigiem alterna praeseferant, addita prioribus duobus hac perigraphe: MARIA. THERESIA. AUGUSTA, posterioribus vero IMPERATOR. CAESAR. JOSEPHUS.II. AUGUSTUS. In postica vero numorum facie Minerva sedens, & coronam oleagineam manu tenens conspicienda erit cum hac perigraphe: DEUS NOBIS HAEC OTIA FECIT, & subjuncta inscriptione: BONAE ARTES SCENTIAE RESTITUTAE ACADEMIA MANTUAE INSTAURATA MDCCLXVIII.[3]

In conformità all'Art. XXIII del Codice della Reale Accademia, «le opere coronate, e quelle che avranno meritato l'*accessit* si pubblicheranno colle stampe a spese dell'Accademia, e se ne distribuiranno in dono venti copie per ciascun Autore».[4]

La natura dei temi proposti nei bandi che vanno da 1768 al 1794 e i testi ritenuti degni della corona – e, di conseguenza, pubblicati a spese dell'Accademia – sono materiali di grande interesse per la storia della cultura scientifica, in relazione alla natura della ricerca scientifica del tempo e alle richieste provenienti dal territorio mantovano in materia applicazioni finalizzate al controllo delle acque, alla coltivazione dei campi e alla prevenzione delle malattie. Nell'attività dell'Accademia in età teresiana e giuseppina si manifesta prima di tutto lo sforzo di adeguarsi al rinnovamento del secolo, acquisendo fama in Italia e all'estero.

---

[2] GIROLAMO MURARI DALLA CORTE, Sulla fondazione della Reale Accademia e delle sue classi. Discorso preliminare del signor conte Girolamo Murari Dalla Corte prefetto della medesima. Mantova, Pazzoni 1795.

[3] «Nos MARIA THERESIA Dei gratia Romanorum Imperatrix Vidua, ecc. V. Kaunitz Rittberg», 1767, riprodotta in calce a Sulla fondazione della R. Accademia e delle sue Classi, discorso preliminare di Girolamo Murari dalla Corte, prefetto della medesima, Mantova, Pazzoni 1795, p. XXIII.

[4] MARIA LUISA BALDI, Filosofia e cultura a Mantova nella seconda metà del settecento, Firenze, La Nuova Italia Editrice 1979.

Infatti, fra gli argomenti su cui sono chiamati ad esercitarsi i concorrenti, figurano alcuni dei temi più vivacemente dibattuti dai maggiori intellettuali europei dell'epoca.[5]

Temi che dicono molto sul 'gusto scientifico' prevalente nella Lombardia colta in quegli anni. Più frequenti sono quelli legati alle esigenze del territorio, per il quale uno dei problemi principali è il controllo delle acque. Ciò giustifica il fatto che su 16 temi messi a concorso per la classe di matematica, ben 13 sono di carattere idraulico. Ma in generale, nonostante l'istituzione sia stata fondata e venga economicamente sostenuta dal governo austriaco, risulta evidente che l'Accademia di riferimento è quella francese che in quegli anni annoverava alcuni fra i più begli ingegni della storia del pensiero scientifico.

In alcuni casi, il richiamo è palese, come nel caso del tema proposto nel 1770 (e riproposto nel 1772):

Se gli esperimenti del Mariotte nel suo trattato del movimento delle acque parte seconda, discorso terzo, regola quinta, vagliano a provare in alcuni canali esservi maggiore velocità alla superficie che sotto ad essa; se v'abbiano tali canali, e qual pendenza, e altezza d'acqua esigano, considerate le resistenze.

Il riferimento esplicito è al fondamentale trattato di Mariotte sul moto delle acque.[6]

Quella di bandire concorsi su temi scientifici era una prassi adottata da anni dalla francese Académie des Sciences. Per esempio, nel 1777 aveva messo a concorso un cospicuo premio per il migliore studio sulle leggi dell'attrito e i suoi effetti sulle macchine. Il premio fu poi raddoppiato nel 1779, per mancanza di vincitori, e infine assegnato a Coulomb nel 1781, per la sua celebre memoria sulla teoria delle macchine semplici, presentata nel 1780.[7]

Non si può evitare di restare colpiti dal fatto che la Reale Accademia mette a premio lo stesso tema nell'anno 1785 (che ripropone due anni dopo):

Determinare col mezzo di esperienze, se a misurare l'attrito de' corpi si debbono considerare più elementi di quelli, che comunemente ne sono considerati, e stabilire per mezzo pure d'esperienze le leggi colle quali ciascun elemento influisce nell'attrito medesimo.

Ma anche il tema messo a concorso nel 1793 (e ripetuto nel 1795) è un riflesso della cultura scientifica egemone, cioè di quella francese:

---

[5] CORRADO VIOLA, *La traduzione moderna nel dibattito sul "gusto presente"*, «Traduzioni letterarie e rinnovamento del gusto: dal neoclassicismo a primo romanticismo», Atti del convegno internazionale Lecce - Castro 2005, Galatina, Congedo Editore 2006.

[6] EDME MARIOTTE, Traité du mouvement des eaux et des autres corps fluides, divisé en V parties, par feu M. Mariotte, mis en lumière par les soins de M. de La Hire, Paris, chez Estienne Michallet rue saint Jacques, a l'mage S. Paul 1686, originariamente pubblicato come Compte Rendu nel Journal des Sçavans del 15 aprile 1686.

[7] CHARLES AUGUSTIN COULOMB, Théorie des machines simples, en ayant égard au frottement de leurs parties, et a la roideur des cordages. Pièce qui a remporté le Prix double de l'Académie des Sciences pour l'année 1781, Paris, Moutard Panckoucke 1785.

Se ad uguali gradi di calore o di freddo nell'atmosfera corrispondano uniformi ed eguali tra loro i gradi di dilatazione, o di restringimento ne' liquori, che servono a termometro, attesa la diversa forza che richiegga mano a mano a dilatare o restringere un fluido già dilatato, o ristretto attesa la coesione tra le parti del` fluido più forse facile a vincersi in uno stato che in un altro. Quando non vi fosse uguale la corrispondenza, cercasi un modo pratico di formare una scala al termometro di gradi, che esprimano ogni grado uguale di calore, o di freddo, che si accresca nell'atmosfera.

Infatti, è proprio a quegli anni che risalgono le raffinate esperienze di Gay-Lussac sulla relazione fra volume dell'aria e temperatura. Sono le esperienze che Pierre Simon de Laplace ricorda nel suo immortale *Trattato di Meccanica Celeste*[8] e che giustificano la possibile realizzazione del termometro ad aria.

Nel 1775 venne 'coronata' proprio la dissertazione di un ingegnere francese. Il tema era:

Facendosi le piene del Po per generale osservazione sempre più frequenti, ed elevate, ed innalzandosi vie maggiormente il fondo del suo letto per cui è pure necessario un sempre maggior rialzamento d'argini, indagare le principali cagioni di questi effetti, e quali possano esser i rimedi atti a procurare uno stato più costante al letto di questo fiume, ed impedire così il maggiore rialzamento de' suddetti argini.

Il concorso, riproposto nel 1777, venne vinto da Pierre Alexandre Forfait, e la sua dissertazione, redatta in latino, venne pubblicata dall'editore Pazzoni di Mantova.[9]

Lo (allora) sconosciuto ingegnere divenne, in seguito, ministro della marina imperiale e ricevette da Napoleone l'incarico di progettare lo sbarco di un corpo di spedizione francese in Inghilterra. Forfait non venne a Mantova a ritirare la medaglia d'oro che costituiva il premio, ma se la fece spedire a Rouen. È probabile che vi sia venuto invece nel '96, quando al giovane e ambizioso generale corso si pose il problema militare del superamento dei laghi e che risolse ponendo l'assedio a Mantova.

Dai temi più spiccatamente scientifici emerge anche un certo atteggiamento conservatore nei confronti delle 'nuove filosofie' che provenivano d'Oltralpe, con la nascita per opera di Fermat, Lagrange e Laplace, di nuove meccaniche, basate su principi molto più astratti della newtoniana. Il tema assegnato nel 1786 richiedeva:

I. Esprimere l'immediata connessione, che i principj introdotti della meccanica sublime, come quelli di Maupertuis, d'Ugenio, e di d'Alembert, hanno co' principj della meccanica elementare: cioè colle formole Galileiane. II: Con opportune applicazioni far vedere, che

---

[8] PIERRE SIMON DE LAPLACE, *Traité de Mécanique Céleste*, tome quatrième, Paris, chez Courcier, an XIII, 1805, Préface, p. XXI.

[9] PIERRE-ALEXANDRE FORFAIT, Solutio problematis ab Regia scientiarum et literarum academia Mantuana propositi ad annum MDCCLXXVI: Eum modum determinare, quo, minimo labore, & minima impensa, navigabiles alvei expediantur ex arenae, & terrae acervis, qui horum fundum altius evehunt, Mantuae, Typis haeredis Alberti Pazzoni 1777.

la meccanica senza que' nuovi principj può facilmente procedere alla soluzione di que' sublimi problemi, che per mezzo loro furono sciolti, e si possono sciogliere.

Vincitore del concorso risultò Antonio Ludeña, un gesuita spagnolo che, al tempo, insegnava all'università di Camerino. L'anno in cui viene pubblicata a Mantova la dissertazione di Ludeña, «coronata dalla Reale Accademia» è lo stesso in cui a Parigi vide la luce la *Mécanique analitique*[10] di Joseph-Louis Lagrange che ordinava la meccanica in una struttura matematicamente rigorosa, sulla base raffinata del calcolo differenziale.

Del resto appare ancora come anti-lagrangiano il tema assegnato nello stesso anno:

Se vi sia qualche eccesso nell'uso, che suol farsi del calcolo, quali sieno di ciò le cagioni, quai danni ne possano venire, e quali regole v'abbiano per stabilirne i giusti confini.

Quasi una difesa dichiarata dell'originale formulazione newtoniana della meccanica che, com'è noto, è puramente e rigorosamente geometrica.[11]

Fra 1768 e il 1795, per la classe di Matematica vennero banditi 16 problemi e per quella di Fisica 17, avuto riguardo al significato che avevano i due termini per i dotti del tempo. Infatti, 13 dei temi della prima classe avevano per oggetto l'Idraulica e altrettanti della seconda sarebbero oggi valutati come pertinenti alla Medicina, una scelta che deriva fedelmente da quelle che erano le necessità più gravi del territorio mantovano a quel tempo. Comunque, tutto ebbe termine nel 1796 con l'arrivo delle armate francesi che si concluse con il terribile triplice assedio e la resa del 2 febbraio 1797. Quasi per un'ironia della storia, con il passaggio del potere nelle mani francesi, che nell'immaginario popolare rappresentavano le posizioni scientifiche più avanzate, per Mantova si apre un periodo di culto di Virgilio quale non aveva conosciuto in passato. Il motore di questa nuova stagione che potremmo definire 'arcadica' nelle sue manifestazioni più evidentemente tese a compiacere i nuovi padroni, fu il generale de Miollis, nominato da Napoleone governatore di Mantova. Fu per sua volontà che il 15 ottobre del 1797 – ovvero 24 vendemmiale dell'anno VI della Repubblica – si tenne a Pietole una grande festa per ricordare il genetliaco del Poeta e inaugurare un grande monumento a Lui dedicato (e che non venne mai portato a termine). Fu l'occasione che molti degli Accademici colsero per produrre versi di bassa qualità poetica che avevano come unico fine quello di esaltare la Rivoluzione nella persona del generale che aveva ridotto alla fame la città. In quell'occasione, un accademico così si esprimeva con alate parole: «Ritornan ridenti a queste mura i dolci ozj, guidati per mano da un illustre guerriero [il Cittadino Miollis, Generale

---

[10] JOSEPH-LOUIS DE LAGRANGE, *Mécanique analitique*, Paris, Veuve Desaint 1788.
[11] ISAAC NEWTON, *Philosophiae Naturalis Principia Mathematica*, Londini [Londra], Typis Joseph Streater 1687.

Comandante il Mantovano] che gli studj pacifici e le belle arti pregia senza alcun fasto ed onore».[12]

Comunque, qualsiasi attività dell'Accademia in campo scientifico era ormai cessata, quando le truppe francesi si affacciarono sulle sponde dei laghi di Mantova. Con una sola piccola eccezione, ricordata da Baldassarre Scorza che stese una cronaca dell'assedio.[13]

Gli assediati avevano istituito una stazione di osservazione delle posizioni nemiche sulla Torre della Gabbia alla sommità della quale furono destinati due ufficiali che disponevano «di uno squisito telescopio catadiottrico inglese, col quale si scoprivano i paesi sino alla mostra dell'orologio pubblico di Verona».[14] Uno strumento «graziosamente somministrato dal matematico abate Mari» che era anche un autorevole accademico. Fu l'ultimo servizio scientifico che la Reale Accademia rese alla città di Mantova.

---

[12] LEOPOLDO CAMILLO VOLTA, Prosa arcadica del Cittadino Avv. Leopoldo Camillo Volta in Prose e versi pel giorno natalizio di Virgilio, Mantova, 1797, Anno VI Repubblicano, pp. 50-56.

[13] BALDASSARRE SCORZA, *Cronaca vissuta del duplice assedio di Mantova degli anni 1796 e 1797*, a cura di Luigi Pescasio, Mantova, Padus 1974.

[14] Si trattava sicuramente di un telescopio prodotto dalla ditta Dollon di Londra. Un esemplare dello strumento, con tubo di legno di mogano, è esposto nel Museo della Specola di Bologna.

SULLA DISSERTAZIONE IDRODINAMICA DI GREGORIO FONTANA CORONATA DALLA REALE ACCADEMIA DI MANTOVA NELL'ANNO 1775

L'IDRODINAMICA AI TEMPI DI FONTANA

I trattati di idrodinamica che escono numerosi nel XVIII secolo, specialmente dopo la terza e definitiva edizione dei *Principia* di Newton,[15] hanno due riferimenti fondamentali. Il primo è il lavoro sperimentale che Edme Mariotte (1620-1684) condusse su un arco di alcuni anni sulla meccanica dei fluidi i cui risultati sintetizzò in alcune leggi empiriche che furono raccolte e pubblicate solo dopo la sua morte a cura di De la Hire.[16]

Il trattato di Mariotte ebbe numerose edizioni in varie lingue ed anche una in italiano pochi anni prima della fondazione dell'Accademia di Mantova.[17]

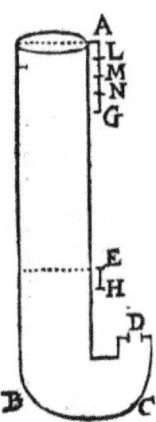

Fig. 1. Illustrazione da E. Mariotte, *Traité*, Paris 1686.

Il *Traité* dedicava al tema dell'altezza raggiunta dai getti d'acqua l'intero capitolo quarto che porta come titolo *De la hauteur des jets*, in cui sviluppava considerazioni teoriche e raccoglieva dati sperimentali. Il risultato di maggior

---

[15] ISAAC NEWTON, *Philosophiæ Naturalis*, cit.

[16] EDME MARIOTTE, Traité du mouvement des eaux et des autres corps fluides, cit.

[17] ID., *Trattato del moto delle acque e degli altri corpi fluidi*, «Raccolta d'autori che trattano del moto dell'acque», Tomo II, Firenze, nella Stamperia di Sua Altezza Reale 1766.

rilievo è che raggiunge una descrizione quantitativa del fenomeno della perdita di quota del getto rispetto al livello del recipiente:

L'altra regola per mezzo del calcolo si è, che le differenze dell'altezze delle conserve, e dell'altezze de' getti crescono in ragione duplicata della loro altezza, cioè in ragion de' quadrati della loro altezza.[18]

che oggi si enuncerebbe con la formula

$$\Delta z \propto z^2, \qquad (1)$$

(indicando con z la quota) e che Mariotte illustrava con una tabella.

Hauteur du Jet.	Hauteur du Reservoir.	
5. pieds	5. pieds	1. pouce.
10.	10.	4.
15.	15.	9.
20.	20.	16.
25.	25.	25.
30.	30.	36. ou 33. pieds.
35.	35.	49.
40.	40.	64.
45.	45.	81.
50.	50.	100.
55.	55.	121.
60.	60.	144. ou 72. pi.
65.	65.	169.
70.	70.	196.
75.	75.	225.
80.	80.	256.
85.	85.	289.
90.	90.	324. ou 117. pi.
95.	95.	361.
100.	100.	400.

Fig. 2. Tabella da E. Mariotte, *Traité*, Paris 1686.

---

[18] ID., Trattato del moto delle acque, cit., p. 173.

Era ancora vivente Newton, invece, quando uscì la traduzione inglese dell'opera a cura di Desaguliers,[19] singolare figura di filosofo scienziato e religioso.[20]

Desaguliers aveva condotto un'importante campagna di ricerche sperimentali sull'idrostatica, anche per verificare i risultati conseguiti da Mariotte (in particolare sul problema dell'altezza dei getti) e ne aveva raccolto i risultati nel secondo volume del suo ponderoso *Corso di filosofia sperimentale*.[21]

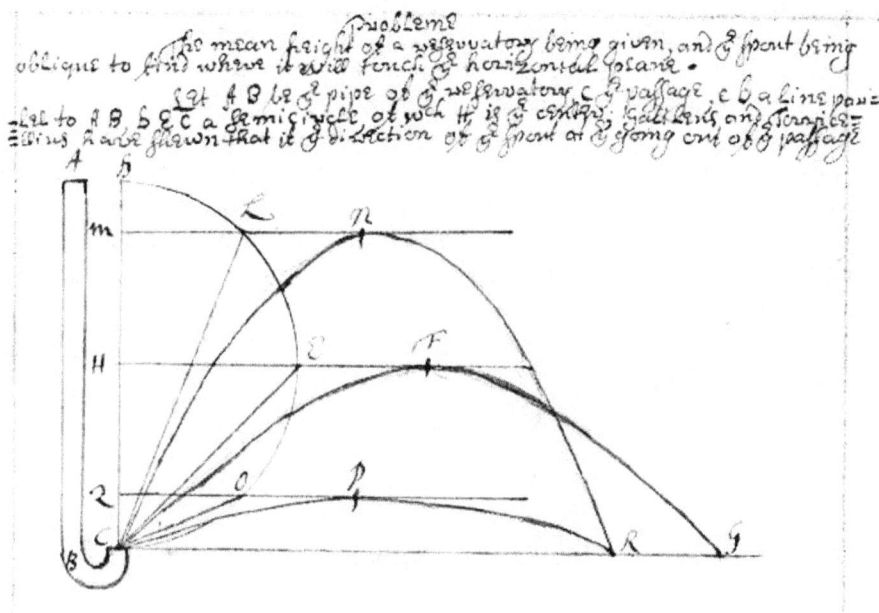

Fig. 3. Un'illustrazione tratta dal manoscritto della traduzione del *Traité* di Mariotte da parte di Desaguliers.

Tuttavia, non tutti avevano dato fede ai dati raccolti da Mariotte; tra questi il più eminente ed esplicito fu James Jurin (1684-1750):

Ma risulta che i dati di Mariotte siano abbastanza corrotti. Infatti
1. La sopraddetta Regola di Mariotte, che lui stesso attesta convenire abbastanza bene con le osservazioni, presenta numeri molto minori e abbastanza diversi da quelli ottenuti da noi.
2. Non può assolutamente essere che l'acqua uscente da un foro di 4 linee raggiunga l'altezza di 22 piedi e 8 $\frac{1}{2}$ pollici; né che l'acqua uscente da un foro di tre linee raggiunga

---

[19] John Theophilus Desaguliers (La Rochelle, 1683-Covent Garden, 1744).

[20] EDME MARIOTTE, The Motion of Water and Other Fluids, being a Treatise of Hydrostatics, trad. di J.T. Desaguliers, London, 1718.

[21] JOHN THEOPHILUS DESAGULIERS, *A Course of Experimental Philosophy*, London, John Senex 1734.

l'altezza di 22 piedi e 2 pollici; se neppure l'acqua uscente da un foro di 6 linee raggiunge l'altezza di 22 piedi e 10 pollici, come sembra ricavarsi facilmente dalle osservazioni di Mariotte.

3. Se fosse vera l'altezza di 22 piedi e 2 pollici nella Tab. III, l'acqua che sgorga da un contenitore alto 24 piedi e 5 pollici arriverebbe ad un'altezza maggiore di quella che erompe da un vaso alto 26 piedi e un pollice; il che è manifestamente assurdo.[22]

Sul versante teorico il riferimento degli studiosi impegnati nel tentativo di estendere la meccanica di Newton ai fluidi era l'*Hydrodynamica* di Daniel Bernoulli[23] che ha determinato le forme matematiche dell'approccio ai problemi di idraulica per tutto il secolo e in cui si trova enunciato, seppure in forma incompleta, il teorema che porta il suo nome e che rappresenta tuttora lo strumento principale di indagine per chi si occupi di moto dei fluidi.

Nell'*Hydrodynamica* (Sect. XII, art.5), Bernoulli formula il problema del flusso di un liquido in un condotto nei termini seguenti: «Sia dato un grande vaso ACEB, che si mantiene costantemente pieno d'acqua, al quale sia saldato un tubo orizzontale ED; e all'estremità del tubo vi sia un orifizio che emette acqua con velocità costante. Si vuole la pressione dell'acqua contro le pareti del tubo ED».

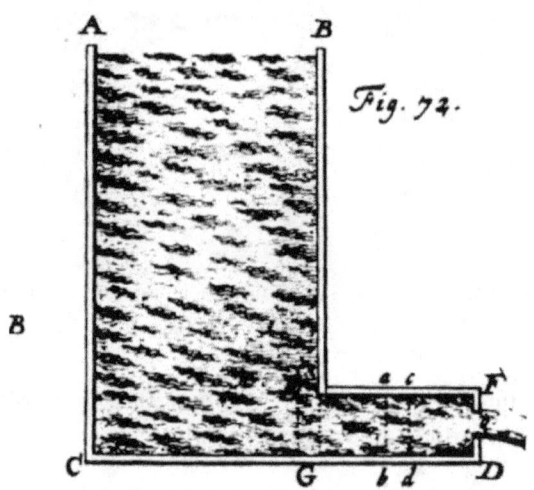

Fig. 4. Vaso pieno d'acqua utilizzato da D. Bernoulli nell'*Hydrodynamica,1738*.

[22] JACOBO JURIN, Tentaminis de Mensura & Motu aquarum fluentium præcedente Transactionum Numero comunicati, pars reliqua, in «Philosophical Transactions», Vol. 41, Part 1, 1739, pp. 65-91, (trad. a cura dell'autore).

[23] DANIEL BERNOULLI, Hydrodynamica, sive de viribus et motibus fluidorum commentarii opus academicum, Argentorati, sumptibus JR Dulseckeri 1738.

Si indichi con Ω_1 la sezione del tubo e con Ω_2 quella del foro o. Bernoulli indica la velocità u_2 di uscita dall'apertura con $\sqrt{a}$, (sarebbe $u_2 = \sqrt{2ga}$) dove a è l'altezza del livello dell'acqua nel contenitore. La velocità u_1 di scorrimento dell'acqua nel tubo sarà allora

$$\frac{\Omega_2}{\Omega_1} \sqrt{a}. \qquad (2)$$

Se il tubo fosse completamente aperto, la velocità di scorrimento sarebbe u_2, ma la parziale ostruzione di FD, impedisce il libero efflusso e produce un aumento della pressione.

Si vede così che la pressione sulle pareti è proporzionale all'accelerazione ovvero all'incremento della velocità che l'acqua subirebbe se ogni ostacolo al moto venisse improvvisamente rimosso per cui verrebbe proiettata nell'aria.

Pertanto, per determinare la pressione sulle pareti del tubo basta immaginare una subitanea rottura della parete nella sezione considerata e determinare l'accelerazione dell'acqua in conseguenza della rottura. Poniamo che la rottura corrisponda alla sezione CD, che si trova alla distanza c dall'inizio del tubo EG. Per calcolare l'accelerazione che ne consegue, Bernoulli fa ricorso al 'principio di eguaglianza fra la discesa effettiva e l'ascesa potenziale', enunciato nella Sectio Tertia (§. 12) sotto il nome di *Principium conservationis virium vivarum*, ovvero della «perpetua equalitatis inter ascensium potentialem descensumque actualem» cioè di quello che oggi chiameremmo 'di conservazione dell'energia'.

Indichiamo con u la velocità nel tubo (in realtà $u = \frac{v}{\sqrt{2g}}$). Il volume dell'acqua che passa per la sezione della rottura nel tempo infinitesimo dt sarà

$$\Omega_1 dx \qquad (3)$$

dove dx è lo spessore di ac. Nello stesso tempo, una uguale quantità d'acqua passa attraverso la sezione iniziale *EG*. Pertanto all'incremento delle forze vive partecipano due contributi.

Il volume d'acqua $\Omega_1 dx$ che entra nel tubo attraverso EG acquista la forza viva

$$\gamma \, \Omega_1 dx \, u^2 \qquad (4)$$

(oggi scriveremmo $\frac{1}{2}\rho \, \Omega_1 dx \, v^2$), con γ e ρ ad indicare peso specifico e densità. Oltre a ciò, l'acqua contenuta nel tratto *Ed* del tubo acquista una forza viva

$$\gamma \, \Omega_1 c \, du^2 = 2\gamma \, \Omega_1 c \, u \, du \qquad (5)$$

(in linguaggio moderno $\rho \, \Omega_1 c \, v \, dv$). L'aumento di forza viva nell'intervallo di tempo dt è quindi

$$\gamma \, \Omega_1 (\, u^2 dx + 2c \, u \, du). \qquad (6)$$

La discesa attuale nello stesso tempo è quella di un volume $\Omega_1 dx$ dal livello dell'acqua nella riserva, al livello del tubo, cioè a.

L'uguaglianza fra l'ascesa potenziale e la discesa attuale impone che

$$\gamma \, \Omega_1 (\, u^2 dx + 2c \, u \, du) = \gamma \Omega_1 dx \, a, \qquad (7)$$

ovvero

$$u \frac{du}{dx} = \frac{a - u^2}{2c}. \qquad (8)$$

Ma la forza agente (ovvero la pressione) è proporzionale all'accelerazione ovvero al rapporto fra l'aumento di velocità e il tempo, onde

$$p_1 = \alpha \, u \, \frac{du}{dt}, \qquad (9)$$

dove α è solo un fattore di proporzionalità. Inserendo in questa la precedente, si arriva a

$$p_1 = \alpha \frac{a - u^2}{2c}. \qquad (10)$$

Il risultato si potrebbe scrivere nella forma

$$p_1 = \gamma \left(\frac{u_2^2}{u_1^2} - 1 \right) a, \qquad (11)$$

e poiché $u_2 = \sqrt{2ga}$, questa equivale a

$$\frac{p_1}{\gamma} + \frac{u_1^2}{2g} = a \,, \qquad (12)$$

nella quale non si fatica a riconoscere il 'principio di Bernoulli', con $p_2 = 0$.

REVISIONE STORICA DEL PROBLEMA DEI GETTI D'ACQUA

Il principale riferimento di Gregorio Fontana (Nogaredo, 1735-Milano, 1803), nell'affrontare il tema posto concorso dalla Reale Accademia di Mantova nel 1774 è il trattato del quasi coetaneo Charles Bossut la cui prima edizione è del 1771,[24] che ebbe numerose riedizioni e, pochi anni più avanti, anche una versione italiana.[25]

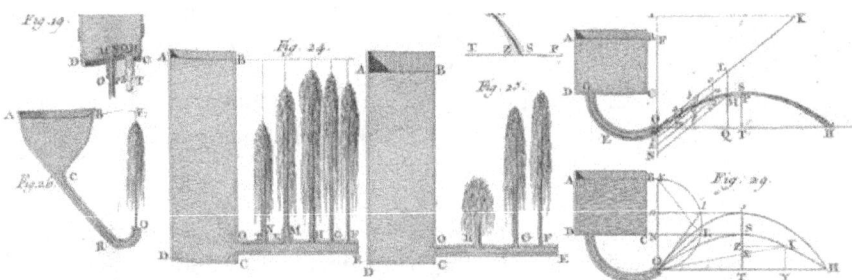

Fig. 5. Illustrazioni relative al cap. V di C. Bossut, *Traité élémentaire*, Paris, 1771.

Il capitolo V dell'opera (*Du mouvemente des eaux jaillissantes*) è dedicato al problema dei getti d'acqua per i quali vengono prese in esame alcune delle ragioni per le quali non raggiungono le altezze dei livelli dei recipienti, che costituiscono l'oggetto del tema posto a concorso.

Tuttavia l'interesse per i fenomeno dei getti d'acqua aveva radici che risalivano a più di un secolo prima e, precisamente, a Benedetto Castelli ed Evangelista Torricelli, discepoli di Galileo. Fu proprio Torricelli il primo ad affrontare la questione, senza tuttavia mancare di dichiarare il suo debito nei confronti di Castelli.[26] In proposito del *motu aquarum* scriveva dunque Torricelli:

Anche l'esperimento prova in qualche modo il nostro principio, quantunque qualcuno lo abbia criticato. Infatti se il foro B viene diretto verso l'alto, e se è convenientemente arrotondato e levigato, mantenendo il tubo del contenitore molto più grande dell'orifizio B, vedremo l'acqua salire per la linea BC quasi fino al livello AD dell'acqua contenuta nel recipiente. La causa del difetto CD infatti la possiamo ascrivere in parte all'impedimento dell'aria che ostacola qualunque corpo in moto, e in parte anche alla stessa acqua, per la quale la ricaduta dal punto più alto C pesa su quella che la segue e quindi impedisce e ritarda quella che sopravviene e non consente alle gocce seguenti di arrivare alla stessa altezza alla quale perverrebbero in base al proprio impeto. Ciò diventa manifesto, quando si chiuda completamente con la mano il foro B; e poi lo si riapra togliendola rapidamente:

---

[24] CHARLES BOSSUT, Traité élémentaire d'Hydrodynamique, ouvrage dans lequel la théorie et l'expérience s'éclairent ou se suppléent mutuellement; 2 voll., Paris, chez Claude-Antoine Jombert, fils aine, libraire, rue Dauphine, pres le Pont Neuf 1771.

[25] ID., Trattato elementare d'idrodinamica del sig. abate Bossut tradotto dal francese; aggiuntevi le Lezioni d'idrodinamica del P. Gregorio Fontana, Pavia, stamperia del r.i. Monistero di S. Salvatore 1785.

[26] BENEDETTO CASTELLI, Della misura dell'acque correnti, Bologna, per gli hh. del Dozza 1660.

si vedrà allora la prima goccia che esce arrivare più in alto di quanto non arrivi il culmine c del getto quando l'acqua abbia cominciato a fluire. Le prime gocce infatti non hanno acqua che le preceda, che rifluendo contro di esse ne impedisca il moto al termine dell'ascensione, nel caso che la traiettoria BC sia verticale.[27]

Pertanto, Torricelli utilizza l'esperimento del getto d'acqua come prova sperimentale di quella che è nota come 'Legge di Torricelli' e cioè

Aquas violenter erumpentes in ipso eruptionis puncto eundem impetum habere, quem haberet grave aliquod, sive ipsius aqua gutta una, si ex suprema eiusdem aqua superficie […] ad orificium eruptionis naturaliter cecidisset.[28]

La questione della velocità di uscita del getto era stata presa in considerazione anche da Newton che nella prima edizione dei Principia vi aveva dedicato una proposizione nella quale si dimostra che:

Est igitur velocitas quacum aqua exit e foramine, ad velocitatem quam aqua cadens, & tempore T cadendo describens spatium S acquireret, ut altitudo aquæ foramini perpendiculariter incombenti, ad medium proporzionale inter altitudinem illam duplicatam & spatium illud S, quod corpus tempore T cadendo describeret.[29]

Fig. 6. Illustrazione da E. Torricelli, *De motu Aquarum*, 1644.

---

[27] EVANGELISTA TORRICELLI, *De motu proiectorum, Liber secundus, De motu aquarum*, in *Opera Geometrica*, Florence, A. Masse & L. de Landis 1644, p. 191.
[28] Ibid.
[29] ISAAC NEWTON, *Aquæ de vase dato per foramen effluentis definire motum* in *Philosophiæ Naturalis Principia Mathematica*, liber 2, prop. XXXVII prob. IX, Londini [Londra], Typis Joseph Streater 1687, pp. 330-332.

In altri termini, Newton assegnava all'acqua che fluisce dal foro una velocità pari alla metà di quella assunta da Torricelli. Si corresse tuttavia nella seconda edizione dell'opera, laddove riprese la stessa argomentazione del discepolo di Galileo:

Quinetiam aqua effluens, si sursum feratur, eadem egreditur cum velocitate. Ascendit enim aquae exilientis vena parva motu perpendicolari ad aquæ in vase stagnantis altitudinem GH vel GI, nisi quatenus ascensus ejus ad aeris resistentia aliquantulum impediatur; ac proinde ea effluit com velocitate quam ab altitudine illa cadendo acquirere potuisset.[30]

James Jurin (1684-1750) partecipò al dibattito con vari interventi sulle *Philosophical Transactions*, uno dei quali ebbe un'edizione veneta che faceva parte della biblioteca di Newton.[31] Nella sua veste di newtoniano convinto Jurin non poteva evitare la differenza fra le riposte date da Newton al problema nella prima e nella seconda edizione dei Principia:

Experientia, inquiunt, contradicit, quam deprehenditur aqua exiliens ad totam altitudinem assurgere: quin etiam Newtonus ipse in Problematis ejusdem solutione, Prop. 36, lib. 2, edizionis secundæ, eam tribuit aquæ velocitatem, quam ad totam altitudinem prosilire possit; adeoque ipse sibi contradicere videtur.[32]

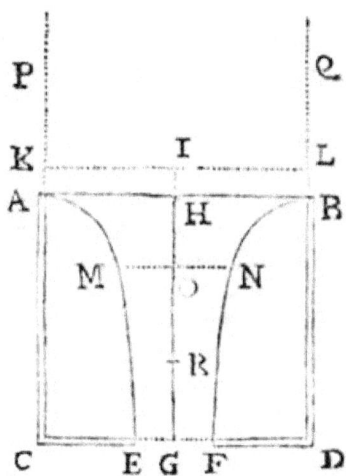

Fig. 7. Illustrazione dalla seconda edizione di I. Newton, *Principia Mathematica*, 1713.

---

[30]ISAAC NEWTON, *Aquæ de vase Cylindrico per foramen in fundo factum effluentis definire motum* in *Philosophiæ Naturalis Principia Mathematica*, liber 2, prop. XXXVI prob. VIII, Cantabrigiae, [Cornelius Crownfield] 1713, p. 306.

[31] JACOBUS JURIN, Defensio dissertationis de motu aquarum fluentium contra nonnullas Petri Antonii Michelotti animadversiones, «Philosophical Transactions», 1722, 32, 179-190; e anche Defensio ecc.; Defensio accedit ejusdem Michelotti Petri Antonii, Venetiis, Pinelli 1724.

[32] Ivi, p. 184.

Un importante contributo allo studio dei fenomeni connessi con l'efflusso di un fluido da un recipiente venne dato da Jakob Hermann (1678-1733) con un trattato che rappresentò un riferimento obbligato per gli studiosi di idraulica nella prima metà del secolo.[33]

Nel secondo libro dell'opera, Hermann – *Ermanno* nella letteratura di lingua italiana – dichiara di aderire alla legge di Torricelli, cioè che:

Velocitates liquorum quorumlibet sunt in sub duplicata ratione altitudinis liquorum super orificiis, per quæ erumpunt.[34]

Sente però il bisogno di precisare l'affermazione in una nota posta in appendice:

Nella proposizione XXXII. Lib. II. abbiamo dimostrato seguendo il Chiarissimo Varignon che le velocità dei liquidi erompenti dai vasi sono in sudduplicata ragione dell'altezza dei liquidi sopra il foro del vaso da cui esce l'acqua, ma non dimostrammo, né nessun altro lo ha fatto, per quanto sappiamo, che l'acqua, o altro liquido, erompe dal vaso con la velocità, posto che l'altezza dell'acqua sopra il foro rimanga costante, con la quale una goccia d'acqua passerebbe davanti al foro, essendo caduta di moto accelerato dall'altezza del liquido.[35]

Il trattato di idraulica richiamato da Hermann era quello di Varignon,[36] che in Italia ebbe larga diffusione anche grazie ad una traduzione di Ludovico Riva.[37]

Nel 'Problema VII' di questo saggio (*Determinare gli impedimenti, che impediscono, che l'altezza dei getti d'acqua verticali non sia uguale al perpendicolo dell'acqua*) Varignon metteva in luce i termini del problema:

Il primo impedimento viene dalla resistenza dell'aria. Per questa causa i corpi gravi non rimontano alla medesima altezza, da cui sono caduti; un pendolo, per esempio, dovrebbe per se stesso montare all'altezza, da cui è caduto; ma perché l'aria resiste alla sua divisione, il pendolo non acquista un'impetuosità tanto grande, quanto quella, che acquisterebbe nel vuoto; per la stessa ragione l'aria resiste ancora al moto, che fa il medesimo pendolo per riascendere, e per questa causa le sue oscillazioni van sempre decrescendo.
Il secondo impedimento nasce dalla divisione dell'acqua; poiché ne i getti d'acqua più grossi, l'acqua monta con una sì grande impetuosità, che, urtando con forza contro l'aria, si divide in una infinità di picciole goccie; la qual cosa accrescendo di molto la superficie dell'acqua, ne deve eziandio ritardare la velocità, poiché quanto più crescono le superficie nelle goccie dell'acqua, tanto più la resistenza dell'aria deve avere più forza sopra le stesse. Questo è un principio di fisica conosciuto da tutti.

---

[33] JAKOB HERMANN, Phoronomia, sive De Viribus et Motibus Corporum solidorum et fluidorum, Amstelædami, apud R. & G. Wetstenios 1716.

[34] Ivi, Proposizione 32, Cap. IX, p. 214.

[35] Ivi, Appendix X, De velocitate liquorum per foramina quæcumque ex vasis erumpentium, pp. 393-394.

[36] PIERRE VARIGNON, *Traité du mouvement et de la mésure des eaux coulantes et jallissantes*, Paris, chez Pissot libraire, quai des Augustins, à la descente du Pont-Neuf, à la Croix d'or 1725.

[37] ID., Trattato del moto e della misura delle acque correnti e dei getti delle medesime, tratto dalle opere del fu Signor Varignoni, con note di Ludovico Riva, Bologna, nella stamperia di Lelio Dalla Volpe 1736.

Il terzo impedimento nasce dall'urto, che le goccie inferiori fanno contro le superiori; imperciocchè egli è certo, che l'acqua ne i getti verticali è spinta con più velocità al principio, che alla fine, o alla sommità del getto di acqua; poichè l'impetuosità dell'acqua, che ascende, è diminuita poco a poco per lo sforzo contrario di quella, che discende.

Il quarto impedimento nasce dalla poca copia dell'acqua; perché se l'apertura del getto d'acqua è troppo larga, (quando però la fontana non somministrasse l'acqua con tutta la velocità, e impetuosità necessaria) l'acqua, che è spinta in alto, non ascenderà nella ragion dell'altezza della fontana; perché il tubo, non essendo abbastanza ripieno, la pressione dell'acqua è piccolissima, né può fare lo sforzo, che gli sarebbe necessario. Per causa di questo difetto i getti d'acqua s'alzano alle volte appena sopra l'acqua stagnante, ove cadono.

Il quinto impedimento nasce nasce dalle inegualità del tubo, o per la troppa angustia del medesimo; poiché egli è chiaro, che la velocità dell'acqua dev'essere ritardata da i fregamenti contro le pareti del vaso; e quanto più sono stretti, e ineguali i tubi, tanto maggiori sono i fregamenti [...].[38]

Ma prima ancora, gli stessi argomento erano stati esposto da Guido Grandi (1671-1742), matematico di corte presso il granduca di Toscana, in un'opera di idraulica pubblicata una diecina d'anni prima di quella del Varignon.[39]

Non è però senza difficoltà questo asserto, perché sebbene le sperienze ci rendono certi, essere la velocità dell'acqua in sudduplicata ragione dell'altezza, pare che nel medesimo tempo ce la dimostrino assai minore di quella che si acquisterebbe un grave cadendo dalla medesima altezza, che avea l'acqua nel vaso; e la differenza è tanto grande, che dubito possa rifondersi nella resistenza dell'aria, e del soffregamento nel contorno dell'apertura, da cui ha esito Perché quando ancora non vogliamo stare sul rigore de' piedi 15. e una linea, che può scendere un grave dalla quiete partendosi in un minuto secondo con moto accelerato, come dimostra Cristiano Ugenio nel suo Orologio Oscillatorio: nella quale supposizione, la velocità conceputa cadendo dalla detta altezza sarebbe tale da scorrere trenta piedi, e un sesto orizzontalmente con moto equabile, nel medesimo tempo d'un minuto secondo, e per conseguenza 1810. piedi in un minuto primo; quando, dico, non si voglia stare si questo rigore, e si ponga, che l'acqua scenda in un minuto secondo soli 12. piedi, come il Mersenno, ed il Mariotte ricavano da immediate osservazioni, nelle quali è frammischiata la resistenza dell'aria, sicché la velocità conceputa da tale caduta farebbe passare con moto equabile in un secondo minuto piedi 24.ed in un minuto primo piedi 1440, paragonando ciò a qualunque sperienza o del Guglielmini, o del Mariotte, si trova un grandissimo divario; [...] dunque la velocità dell'acqua, che isgorga da un vaso alto piedi 10.once 3. di Bologna è assai minore di quella, che si sarebbe acquistata l'acqua cadendo ancora per aria (non che nel vuoto) dalla medesima altezza; e sta quella a questa, come 1663 a 2952.[40]

Tra i fisici che all'inizio del secolo si occuparono del fenomeno dei getti d'acqua e le cui interpretazioni godettero di maggior credito vi fu l'olandese

---

[38] Ivi, pp. 115-116.

[39] GUIDO GRANDI, Del movimento dell'acque trattato geometrico del p. Abate d. Guidi Grandi Camaldolese matematico dell'Altezza reale di Toscana, Firenze, s.e., s.d., ma intorno al 1714.

[40] Ivi, Scoglio della Prop. X, pp.76-78.

Willem's Gravesande (1688-1742) il cui trattato di filosofia naturale newtoniana costituì un prestigioso punto di riferimento per i fisici fino alla fine del Settecento.[41]

Anche Gravesande aveva dedicato alcune pagine del Secondo Libro del suo trattato alla questione e indicato le ragioni fisiche della perdita di quota del getto rispetto al liquido della riserva:

Un fluido che spruzza verticalmente da un foro, possiede la stessa velocità con cui dovrebbe salire fino al livello superiore del liquido, tuttavia non raggiunge mai quell'altezza e ciò per diverse altre cause oltre alla coesione delle sue parti prima menzionata.

La velocità, con cui il liquido ascende, viene diminuita in ogni istante, e la colonna del fluido è costituita da parti diverse che si muovono a diverse altezze con velocità differenti; tutte le parti di una colonna, che è ovunque dello stesso spessore, sono necessariamente dotate della stessa velocità; la colonna di fluido che si allontana in ogni momento, man mano che la sua velocità diminuisce, [...] e pertanto l'impulso del moto viene ritardato lungo tutta la colonna.

Il moto viene ritardato dal fluido stesso, perché una volta in alto perde tutto il suo moto, rimane sospeso nella parte superiore della colonna, e viene sostenuto per un momento dal fluido che segue, prima di scivolare dalle parti, ritardando così il fluido che segue, e questo ritardo viene comunicato all'intera colonna.

A causa dell'attrito contro il bordo del foro, la velocità del fluido subisce una diminuzione; e l'attrito ne viene incrementato quando il fluido passa attraverso tubi e rubinetti.

Infine, la resistenza dell'aria rallenta il moto del fluido.

È evidente che la terza causa di rallentamento menzionata non si può correggere. La seconda viene ovviata inclinando leggermente la direzione del getto, e questa è la ragione per cui un fluido con una leggermente inclinata, giunge ad altezza maggiore che se perfettamente verticale.[42]

---

[41] WILLEM JAKOB'S GRAVESANDE, *Philosophiæ Newtonianæ Institutiones in usus Academicos*, Lugduni Batavorum, apud Petrum Vander Aa 1723.

[42] Ivi, Liber Secundus, Caput VII., De Fluidis prosilientibus, pp. 132-133.

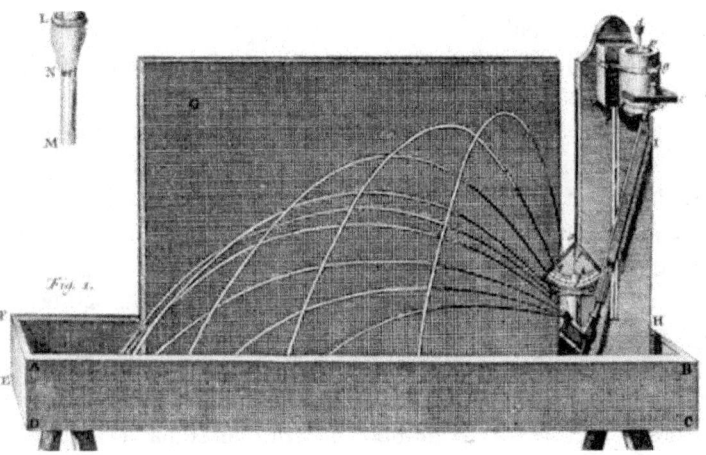

Fig. 8. Illustrazione da J. Gravesande, *Mathematical Elements of Natural Philosophy confirmed by Experiments, or an Introduction to Sir Isaac Newton Philosophy*, Vol. I., London, 1747.

CONSIDERAZIONI GENERALI SULLA DISSERTAZIONE

Il quesito posto a concorso dalla Reale Accademia nell'anno 1774, il sesto dalla sua fondazione per decreto di Maria Teresa d'Austria, era:

Cercar la cagione, per la quale l'acqua salendo ne' getti quasi verticali de' vasi, se le luci di questi getti siano assai tenui, essa non giunga mai al livello dell'acqua del Conservatorio, e quanto la luce è più piccola, tanto l'altezza dell'acqua si faccia sempre minore; come pure indagare la vera cagione per la quale l'altezza dell'acqua nel conservatorio, o il foro, per cui esce, essendo ognor maggiore, si diminuisca ognor più l'altezza de' suoi getti.

L'idraulica era uno dei temi che più dovevano stare a cuore alla direzione dell'Accademia, come testimonia la natura dei temi posti a concorso. Per esempio, solo due anni prima era stato premiato Filippo Ruggieri Buzzaglia di Volterra per una dissertazione su un tema ispirato al citato *Trattato del movimento dell'acque* del Mariotte.[43]

Il forte interesse mostrato dall'Accademia per i problemi idraulici è testimonianza del legame degli accademici più eminenti con le questioni connesse con la salvaguardia del territorio e delle pratiche agricole. In questo contesto, il tema proposto per l'anno 1774 rivela, in tutta evidenza, un carattere più squisitamente teorico, nei confronti degli altri, riguardanti in prevalenza la manutenzione degli argini o le piene del Po. Un'osservazione che potrebbe suggerire la volontà di conferire al concorso di quell'anno un interesse meno locale

---

[43] FILIPPO RUGGIERI BUZZAGLIA, Dissertazione sopra il quesito se gli esperimenti del Mariotte nel suo Trattato del movimento dell'acque, parte seconda, discorso terzo, regola quinta, vagliano a provare in alcuni canali esservi maggiore velocità alla superficie, che sotto ad essa, Mantova, Pazzoni 1773.

di quelli che erano stati banditi negli anni precedenti, anche in vista della premiazione dell'anno successivo che avrebbe solennizzato l'inaugurazione del Palazzo dell'Accademia.[44]

Nella *Dissertazione* l'autore si presenta immediatamente come uomo di buone conoscenze e vastissima cultura. Intanto, si apre con una dedica al Baron de Sperges et Paletz. Si tratta di Joseph von Sperges che, dal 1766 era a capo della direzione degli affari d'Italia nel Supremo Dipartimento Aulico, alle dirette dipendenze del conte Kaunitz, Cancelliere di Maria Teresa d'Austria. Sperges era, oltre che politico, uomo di ampi interessi culturali, come dimostra la corrispondenza scambiata con Cesare Beccaria, Alessandro Volta e Paolo Frisi. Il fatto che la dedica sia in francese e che al suo interno sia riportata una lunga citazione dal *Paradise Lost* di Milton basta a qualificare Fontana come uomo di vasta cultura. Del resto, al tempo in cui partecipava al concorso indetto d'Accademia Mantovana, Fontana era già professore di Calcolo Sublime all'università di Pavia – dove era succeduto a Boscovich – e noto agli studiosi per un saggio sull'uso del barometro uscito qualche anno prima.[45]

La parte di maggior rilievo di questo saggio è rappresentata proprio dalle epistemologiche *Riflessioni intorno all'applicazione delle matematiche alla fisica*, che pongono il problema dei limiti dell'applicazione della geometria alla fisica. Riflessioni che vengono accennate anche al termine della *Dissertazione* laddove avanza quasi una richiesta di scuse per aver esagerato nel suo ricorso al linguaggio matematico:

> Tanto basti presentemente per non incorrere, volendo spingere troppo oltre la speculazione, la taccia del gran Poeta, e Filosofo Inglese,
> Mad Mathesis alone was unconfin'd,
> Too mad for mere material chains to bind,
> Now to pure Space lifts her ecstatic stare,
> Now running round the Circle, finds it square.
>
> Solo la matematica dei pazzi era sconfinata
> Troppo folle perché mere catene materiali potessero contenerla,
> Ora alza verso il puro Spazio il suo sguardo estatico,
> Ora correndo su un cerchio, lo dimostra quadrato.
>
> [Trad. dell'autore]

Del resto, la bibliografia allegata alla *Dissertazione*, dimostra le vaste conoscenze – anche linguistiche – dell'autore. I suoi riferimenti sono Benjamin

---

[44] Catalogo delle dissertazioni manoscritte dell'Accademia Reale di Scienze e Belle Lettere di Mantova, a cura di L. Grassi e G. Pradella, Mantova, Accademia Nazionale Virgiliana 1993.

[45] GREGORIO FONTANA, Delle altezze barometriche, e di alcuni insigni paradossi relativi alle medesime: saggio analitico con alcune riflessioni preliminari intorno all'applicazione delle matematiche alla fisica, Pavia, G. Bolzani 1771.

Robins,[46] Abraham Gotthelf Kästner,[47] Daniel Bernoulli,[48] Johan Heinrich Lambert,[49] Leonardo Eulero,[50] cioè quanto di meglio si era pubblicato sul tema.

E inoltre Fontana, quando partecipa al concorso di Mantova, di Eulero ha già iniziato a tradurre un saggio di argomento teologico-cosmologico, in cui contesta la posizione dei liberi pensatori che negavano una qualche finalità nell'universo, e che uscirà tre anni dopo.[51]

Tuttavia, sul piano empirico, il principale riferimento di Fontana è la 'regola' enunciata da Mariotte della proporzionalità del dislivello al quadrato del livello dell'acqua nel recipiente; unita ad una giustificata e manifesta diffidenza per la procedura sperimentale su cui dovrebbe poggiare tale enunciato:

Prendasi una palla di piombo del diametro d'un pollice in circa, ed una palla di legno del diametro quasi eguale a quello del foro, la di cui gravità sia poco minore di quella dell'acqua, sicchè galleggiando sull'acqua, vi sia quasi tutta sommersa: si gettino ambedue in alto con la stessa forza, talmente che la palla di piombo arrivi fino all'altezza dell'acqua nel vaso, o molto vicina; s'osservi fin dove arriverà la palla di legno, e questa sarà l'altezza circa del getto.[52]

STRUTTURA GENERALE DELLA DISSERTAZIONE

La dissertazione è divisa in due parti: la prima dedicata all'individuazione dei parametri fisici che possono intervenire nel fenomeno e nello studio quantitativo di ciascuno; la seconda a determinare il peso che ognuno di essi può avere nel determinare il risultato finale. Particolarmente interessante – e rivelatore dei reali interessi dell'Autore, già esplicitati nell'introduzione al *Saggio sulle altezze barometriche* – è il secondo paragrafo, nel quale rivendica il ruolo prevalente dello strumento matematico:

Alla prima occhiata che gettasi su questo delicato Problema è facile a chiunque accorgersi, che senza il più fino maneggio dell'alta Geometria, e della recondita Analisi non è possibile ritrovarne, lo scioglimento il quale compiutamente soddisfaccia all'aspettazione dell'illustre Adunanza, che lo ha proposto, ed appaghi le difficili e minute brame e le scrupolose e giuste ricerche degl'Iniziati ai misterj delle Matematiche. Da che l'Analisi è diventata nelle mani del fisico accurato la chiave delle scoperte che possono farsi nella

[46] BENJAMIN ROBINS, *New Principles of Gunnery*, in *Mathematical Tracts*, Vol. I, London, J. Wilson 1761.

[47] ABRAHAM G. KÄSTNER, *Anfangsgründe der Hydrodynamik*, Göttingen, Im Verlag der Wittwe Vandenhoek 1769.

[48] DANIEL BERNOULLI, *Hydrodynamica*, cit.

[49] JOHANN HEINRICH LAMBERT, Anmerkungen über die Gewalt des Schießpulvers und den Widerstand der Luft, Dresden, Walther 1766.

[50] LEONHARD EULER, *Sur le mouvement de l'eaux par des tuyaux de conduite*, in «Mémoires de l'Académie des Sciences de Berlin», 8, 1754, pp. 111-148.

[51] ID., Saggio di una difesa della divina Rivelazione, tradotta dall'idioma Tedesco, coll'aggiunta dell'esame dell'argomento dell'anno solare, e planetario, Pavia, Bolzani 1777.

[52] EDME MARIOTTE, *Traité du mouvement des eaux*, IV partie, Paris, 1700, p. 291.

scienza della Natura, e ben sovente una semplice formola una pura espressione simbolica dà lume ad una scienza intera, e comprende in se una moltitudine di verità […]; non è più lecito di sperare, che senza questa necessaria scorta si possa fare gran viaggio nelle provincie del sapere, e vagare senza smarrirsi ne' laberinti dell'Idraulica, dove l'esperienza ora mutola non risponde, ora incerta non risolve, ora indeterminata non distingue, ora contraddittoria inganna e confonde.

Fontana scompone il tema proposto dal bando in quattro quesiti:

I. Perché i getti quasi verticali non giungono mai al livello dell'acqua del recipiente.
II. Perché l'altezza del Getto si rende sempre tanto minore, quanto è più picciolo il foro da cui l'acqua zampilla.
III. Perché nuovamente tanto più il Getto s'accorcia, quanto è più alta l'acqua della Conserva.
IV. Perché, e in quali circostanze allargandosi più l'orifizio o lume del getto, vie maggiormente questo si abbassa.

Passa poi ad individuare i fattori fisici che possono avere influenza sull'altezza raggiunta dal getto d'acqua:

I. Inclinazione del getto comechè piccolissima, necessariamente richiesta.
II. Adesione delle particelle dell'acqua tra loro, e alle pareti del tubo.
III. Urto delle parti posteriori della colonna del getto nelle contigue anteriori.
IV. Urto obliquo, e laterale dell'aria circostante alla colonna del Getto.
V. Preponderanza della colonna d'aria incombente all'orificio del getto sopra la colonna d'aria appoggiata alla superficie dell'acqua del recipiente.
VI. Resistenza dell'aria, attraverso la quale dee farsi strada l'acqua zampillante nel sollevarsi.
VII. Attrito o Sfregamento delle particelle dell'acqua ai lati del Conservatorio, e contro le pareti del condotto annesso al medesimo.
VIII. Frizione o Attrito delle molecole dell'Acqua contro il perimetro o margine del lume d'onde il getto s'innalza.

Dopo accurato esame di ciascuna, arriva alla conclusione che le prime quattro cause ipotizzate sono, in realtà, di trascurabile efficacia, nel determinare il dislivello tra la quota raggiunta dal getto e la superficie del recipiente. Si dedica quindi allo studio quantitativo delle altre quattro, cioè la differenza di pressione atmosferica, la resistenza dell'aria, i fenomeni di attrito con le pareti del condotto e di viscosità.

PRIMA PARTE

ESAME DELLA I FORZA RITARDATRICE

Il fatto che nel caso di getto verticale sia l'acqua stessa a limitare la propria altezza era già stato osservato da tutti quelli che si erano occupati del fenomeno, a partire da Torricelli. Al fenomeno dedicò alcune pagine del suo *Traité* anche Bossut e il suo modo di argomentare è bastantemente descritto dalla figura che lo illustra.

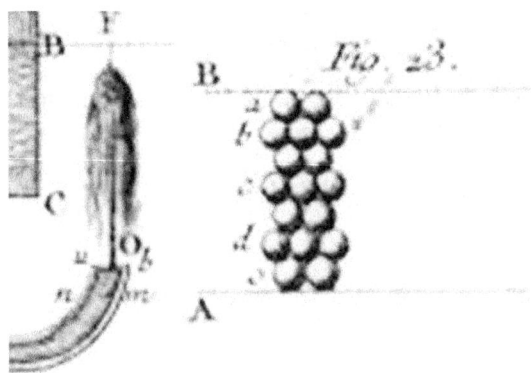

Fig. 9. Illustrazione da C. Bossut, *Traité élémentaire d'Hydrodynamique*, Paris, 1771.

In termini moderni si può descrivere così. Consideriamo due corpi che vengono lanciati verticalmente con la stessa velocità v_0 ma con un ritardo Δt dell'uno rispetto all'altro. Inizialmente sono separati da una distanza

$$\Delta z_0 = \left(v_0 - \frac{1}{2} g \, \Delta t\right) \Delta t \qquad (13)$$

che diminuisce linearmente nel tempo secondo la relazione

$$\Delta z = \Delta z_0 - (g \, \Delta t) \, t \qquad (14)$$

e questa diminuzione di distanza, alla quale corrisponde un aumento della sezione del getto, produce una diminuzione dell'altezza raggiunta. Osserva infatti Fontana, rifacendosi a Bossut, che un getto leggermente inclinato raggiunge un'altezza superiore al getto esattamente verticale.

Se, seguendo il nostro autore, indichiamo con φ l'angolo che il getto forma con l'orizzontale, è questione di cinematica elementare ricavare che la quota massima raggiunta è

$$z_M = \frac{v_0^2}{2g} \sin^2\varphi \qquad (15)$$

o anche, indicando con H l'altezza dell'acqua nella riserva,

$$z_M = H \sin^2\varphi \qquad (16)$$

che coincide con risultato raggiunto da Fontana, sia pure attraverso un percorso più complesso.

Esame della V Forza Ritardatrice

L'argomentazione di Fontana è basata sulla constatazione che la pressione atmosferica alla base della riserva è maggiore di quella che si ha alla sua sommità. In realtà, se utilizziamo come misura della pressione atmosferica alla quota h l'altezza $a(h)$ del mercurio nel tubo di Torricelli, sappiamo che questa varia in conformità alla legge

$$a(h) = a\left(1 - e^{-\frac{f}{a}h}\right) \qquad (17)$$

dove a indica l'altezza della colonna di mercurio a quota zero (760 mm di Hg, se a livello del mare) ed f il rapporto fra la massa volumica dell'aria e quella del mercurio ($1{,}22 \frac{kg}{m^3}$ contro $13{,}56 \times 10^3 \frac{kg}{m^3}$). Quindi

$$f = \frac{\rho_{aria}}{\rho_{Hg}} = 8{,}85 \times 10^{-5}$$

Pertanto, nella (17), il rapporto $\frac{a}{f}$ ha la funzione dell'altezza caratteristica

$$\frac{a}{f} = 8{,}59 \times 10^3 m$$

che, nelle formulazioni moderne dell'equazione dei barometri, compete alla costante

$$\frac{RT}{Mg} \qquad (18)$$

nella quale R indica la costante dei gas, T la temperatura assoluta, M la mole dell'aria e g l'intensità del campo gravitazionale. È poi ovvio che, per le differenze di quota tipiche di una riserva d'acqua, sia legittimo sostituire alla (17) la

$$a(h) = fh \qquad (19)$$

Tuttavia, a questo punto si impone una riflessione. La differenza di pressione fra la base e la superficie superiore della riserva d'acqua è, complessivamente,

$$\Delta p = \rho gh + fh \qquad (20)$$

cioè maggiore di quella che si assume trascurando la differenza di quota; e ciò avrebbe come conseguenza un aumento, e non una diminuzione, della velocità iniziale del getto e quindi della quota raggiunta, contrariamente a quanto sostenuto da Fontana. Rimane tuttavia vero che l'effetto è del tutto trascurabile.

ESAME DELLA VI FORZA RITARDATRICE

L'argomentazione di Fontana prende la mosse da una legge empirica esposta da Lambert[53] nel 1766 secondo la quale la velocità limite per una sfera in aria è uguale a quella che acquisterebbe in una caduta libera nel vuoto di lunghezza

$$\frac{n\,b}{f}$$

dove b è il diametro della sfera, f la densità dell'aria relativa all'acqua $(1,2 \times 10^{-3})$, ed n un numero che può valere uno o due. Potremmo anche dire che questa è la velocità raggiunta quando la resistenza dell'aria è uguale al peso dell'oggetto.

Assegnare l'altezza della caduta equivale a dare il quadrato della velocità raggiunta, come Fontana ha osservato poche righe prima quando ricorda che: «per la natura del moto equabilmente accelerato il doppio dell'altezza generatrice della velocità, moltiplicato per la gravità accelerante è uguale al quadrato della velocità generata», che equivale, in termini moderni, a

$$u^2 = 2gh \qquad (21)$$

Da qui ricava che quando la velocità ha il valore generico u, la resistenza dell'aria non è uguale al peso dell'oggetto (posto qui uguale a 1), ma a

---

53 JOHANN HEINRICH LAMBERT, *op.cit.*, *Anmerkungen über die Gewalt des Schießpulvers und den Widerstand der Luft* (La forza della Polvere e la Resistenza dell'aria), Dresden, 1766.

$$r = \frac{u^2}{2\frac{nb}{f}}. \qquad (22)$$

Il getto dell'acqua è sottoposto a due forze opposte al moto: il peso e la resistenza aerodinamica e la legge della dinamica (oggi diremmo della conservazione dell'energia) consente di porre

$$\left(1 + \frac{f\,v^2}{2nb}\right) dx = -u\,du \qquad (23)$$

Dall'integrazione di questa, Fontana ottiene il difetto di altezza rispetto al livello dell'acqua nella cisterna:

$$D = a - \frac{nb}{f}\,log\left(1 + \frac{fa}{nb}\right) \qquad (24)$$

che, se si salva solo il primo termine dello sviluppo in serie, si riduce a

$$D = \frac{fa^2}{2nb} \qquad (25)$$

Il che è conforme al *bellissimo* teorema di Mariotte (empirico) che stabilisce che «le diminuzioni delle Altezze dei Getti seguitano la ragione duplicata delle Altezze de' Conservatorj».[54]

Per la verità. La dimostrazione che Mariotte fornisce nel suo *Traité* non soddisfa Fontana:

[…] ma una tale dimostrazione non solamente è difettosa e imperfetta. Ma è inoltre visibilmente paralogistica, siccome scorgerà di leggieri chiunque si porrà ad esaminarla.

In effetti, la dimostrazione di Mariotte è basata sulla considerazione dell'urto fra una goccia d'acqua e una particella d'aria di egual volume. Se si suppone che l'urto sia anelastico, comporterà per la goccia una perdita di velocità

$$\Delta u = f\,u \qquad (26)$$

(dove f indica il rapporto delle densità) proporzionale alla velocità. Ora, dal fatto che l'altezza di salita è proporzionale al quadrato della velocità segue che

---

[54] EDME MARIOTTE, De la hauteur des jets, in Traité du mouvement des eaux et des autres corps fluides, mis en lumière par les soins de M. de La Hire, Paris, chez Jean Jombert 1700, pp. 282-332.

$$\Delta z \propto u\,\Delta u \qquad (27)$$

e da questa, per la precedente,

$$\Delta z \propto f\,u^2 \qquad (28)$$

Fontana, a sostegno della sua argomentazione, fa appello a Kaestner: «[...] l'invenzione di una tal Regola esige delle cognizioni, delle quali sapevasi ancora troppo poco a' tempi di Mariotte».[55]

ATTRITO SULLE PARETI DEL CONDOTTO

Quello dell'attrito sull'acqua esercitato dalle pareti del condotto è il tema più arduo, sia dal punto di vista fisico che matematico, affrontato da Fontana. Il punto di partenza è che la forza d'attrito sul fluido, analogamente a ciò che si verifica per un solido che avanza strisciando su una superficie scabra, sia proporzionale alla forza premente, quindi, nel caso di un liquido che scorre in un condotto, alla pressione. Naturalmente, nel suo approccio, Fontana ha gli importanti riferimenti di Bernoulli[56] e D'Alembert.[57]

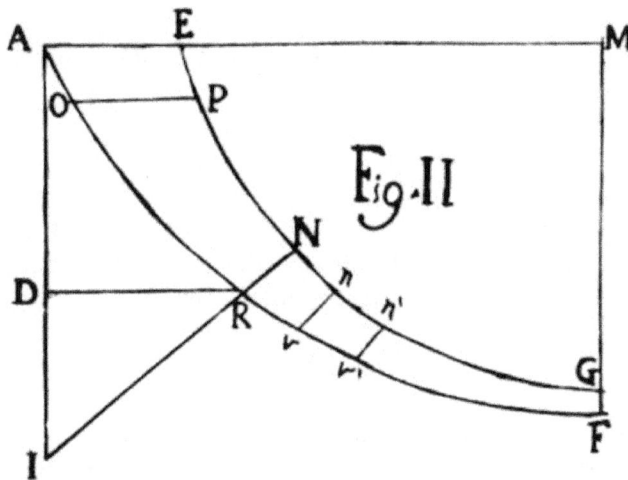

Fig. 10. La figura II della *Dissertazione* di Fontana.

[55] ABRAHAM GOTTHELF KÄSTNER, «Phil. Trans.», 41, 1739-41.

[56] DANIEL BERNOULLI, *Hydrodynamica*, cit., Cap. 5.

[57] JEAN B. LE ROND D'ALEMBERT, *Traité de l'équilibre et du mouvement des fluides, livre second, Du mouvement des fluides renfermés dans des vases*, Paris, chez David, l'aine, libraire, rue Saint Jacques, a la Plume d'or, 1744 (De l'Imprimerie de Jean Baptiste Coignard, imprimeur du roi).

Il problema della natura e delle proprietà fisiche dell'attrito era, al tempo, di estrema attualità, tanto da essere oggetto di un concorso bandito dall'Accademia di Scienze di Parigi nel 1781, vinto da Charles Coulomb.[58]

La prima parte della sezione riguarda in effetti alcune nozioni sull'attrito radente che richiamano l'approccio di Coulomb, in particolare l'attrito operante su un corpo posto su un piano inclinato.

Il punto di partenza di Fontana è che, similmente all'attrito opposto da un piano al moto di un corpo che vi striscia, la forza dell'attrito opposto dalla parete del condotto, sia proporzionale alla pressione esercitata dall'acqua. Ne segue per tale forza l'espressione

$$\frac{\pi}{4} \Lambda \, hz \, ds \qquad (29)$$

dove h indica l'altezza dell'acqua, z il diametro del condotto, ds la lunghezza dell'elemento di tubo e Λ svolge la funzione del coefficiente d'attrito. Ciò che l'autore chiama *forza* è, in realtà, la forza sull'unità di volume, che diventa quindi

$$\frac{\Lambda \, h}{z} \qquad (30)$$

Oltre all'attrito, sull'elemento di fluido agisce la forza di pressione a cui è associata una decelerazione

$$\frac{1}{\rho} \frac{dp}{ds} \qquad (31)$$

e, ovviamente, il peso a cui corrisponde un'accelerazione che dipende dall'inclinazione (locale) del tubo φ rispetto alla verticale

$$\cos \varphi \qquad (32)$$

avendo assunta come unitaria la forza di gravità ($g = 1$).

Non seguiremo Fontana nel lungo processo di integrazione dell'equazione differenziale. Ci basti dire che questa richiede di specificare il modello, che diventa quello della Fig. III.

---

[58] CHARLES AUGUSTIN COULOMB, Théorie des machines simples, en ayant égard au frottement de leur parties et à la roideur des cordages, nouvelle édition, Paris, Bachelier 1821.

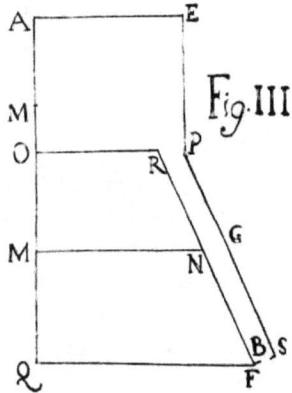

Fig. 11. La figura III della *Dissertazione* di Fontana.

Con ciò, la differenza di livello tra quello dell'acqua nel recipiente e quello del getto, «dopo aver sofferto il ritardo e l'alterazione originata dallo sfregamento dell'acqua contro le pareti del conservatorio e del tubo» viene espressa da

$$D = b\frac{m^4 \Lambda g}{f^5} + \frac{A\Lambda g}{f} + \frac{A\Lambda b}{n} \qquad (33)$$

nella quale compare la pressione atmosferica *A*. L'autore per primo si meraviglia del risultato e cioè del fatto che

il peso dell'atmosfera tende a rinvigorire ed accrescere l'azione di questa Forza Ritardatrice sul Getto, di maniera che l'abbassamento del getto, unicamente cagionato dall'Attrito, si fa maggiore a cielo sereno, minore a cielo piovoso.

Nel risultato ottenuto, Fontana vede un «metodo speditissimo di determinare il preciso valore di Λ , ovvero il rapporto dell'Attrito alla Pressione nell'acqua». Su tratterebbe di misurare la perdita di quota del getto rispetto al livello del recipiente in un esperimento condotto nel vuoto. In tale condizione fisica la pressione atmosferica sarebbe ridotta a zero e con ciò si eliderebbero il secondo e

il terzo termine dell'espressione di *D*. Il valore del parametro Λ si potrebbe allora ricavare la semplici misure di lunghezza.

A proposito di questa proposta non possiamo esimerci dall'osservare che Fontana mostra di non avere idea del comportamento fisico dell'acqua, quando la pressione atmosferica si riduce a zero ovvero, per usare la sua espressione, nel *Vuoto Boileano*. Considerato che gli esperimenti con la pompa pneumatica descritti da Boyle risalgono al 1662[59] ed erano così popolari nel Settecento da aver ispirato un celebre pittore,[60] bisogna concludere che le conoscenze di fisica sperimentale di Fontana non erano paragonabili a quelle di matematica.

Si rende tuttavia conto che un'esperienza nel vuoto pneumatico, che richiederebbe una campana di grandi dimensioni e una pompa adeguata, sarebbe molto difficile da realizzare e, in alternativa, propone un diverso procedimento di misura del parametro d'attrito Λ. Analogamente a ciò che si fa per la determinazione del coefficiente d'attrito (statico) di un piano inclinato (dove si determina l'inclinazione limite) si tratta di realizzare un condotto tanto lungo e sottile, e così stretto l'orifizio «che in quel tal preciso grado di piccolezza l'acqua incominci a non spicciar fuori». In tal caso la perdita di quota del getto sarà l'intero dislivello e sarà

$$\Lambda = \frac{b + g\,cos.\,\Omega}{b\dfrac{m^4 \Lambda g}{f^5} + \dfrac{Ag}{f} + \dfrac{Ab}{n}}\,, \qquad (34)$$

Una proposta, anche questa, che rivela che le capacità sperimentali di Fontana dovevano essere piuttosto limitate.

ESAME DELLA VIII, ED ULTIMA FORZA RITARDATRICE

Nei moderni trattati di idraulica, la velocità di scorrimento di un liquido in un condotto cilindrico, in regime laminare, si assume avere un andamento parabolico.

Fig. 12. Velocità di scorrimento di un fluido in un condotto cilindrico.

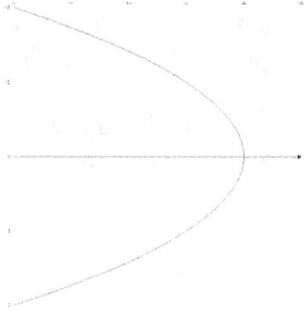

Ovvero che sia rappresentata dalla relazione

[59] ROBERT BOYLE, *New Experiments Physico-Mechanicall, Touching the Spring of the Air, and its Effects (Made, for the Most Part, in a New Pneumatical Engine) Written by Way of Letter to the Right Honorable Charles Lord Vicount of Dungarvan, Eldest Son to the Earl of Corke*, Oxford, H. Hall 1662.

[60] JOSEPH WRIGHT, *An Experiment on a Bird in the Air Pump*, London, National Gallery 1768.

$$v = \frac{1}{\eta}\frac{\Delta p}{L} \; (R^2 - x^2) \qquad (35)$$

dove $\frac{\Delta p}{L}$ indica il gradiente di pressione lungo il tubo, R il suo raggio, x la generica distanza dall'asse ed η il coefficiente di viscosità del fluido.

Da questa si ricava facilmente la portata volumica:

$$Q = \frac{\pi}{8}\frac{1}{\eta}\frac{\Delta p}{L} \; R^4 \qquad (36)$$

Poiché il moto del fluido è uniforme, si ha una continua dispersione di energia lungo il tubo e la potenza dispersa per unità di lunghezza è data da

$$\frac{W}{L} = \frac{\Delta p}{L} \times Q = \frac{8}{\pi}\eta \; \frac{Q^2}{R^4} \;. \qquad (37)$$

La trattazione di Fontana parte da alcuni assiomi che l'autore dichiara al principio:

1° Che la resistenza prodotta dalla viscosità «seguiti la ragione dei perimetri», ovvero sia proporzionale ai diametri dei tubi;

2° Che la resistenza per unità di superficie «sia in ragione diretta dei perimetri e inversa delle superficie», quindi inversamente proporzionale al diametro.

«Sono questi – dice Fontana – principj comuni che s'incontrano presso tutti gli Scrittori di Idraulica, e che vengono in parte confermati e convalidati coll'esperienza». Sulla base di questi Fontana si propone di calcolare la resistenza complessiva sul flusso dell'acqua.

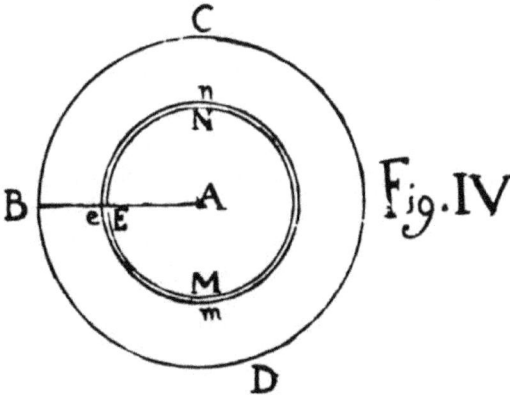

Fig. 13. La figura IV della *Dissertazione* di Fontana.

Divide allora la sezione del tubo in cerchi concentrici e ne prende in considerazione uno strato di raggio x e spessore dx. La resistenza su questo strato è proporzionale all'area della sua sezione, ovvero a $2\pi x \, dx$. Assume inoltre che la resistenza dipenda dalla distanza dall'asse, con un minimo al centro e un massimo al bordo. Sorprendentemente, però, ipotizza per l'andamento della resistenza, la relazione

$$R(x) = R_0 \, \frac{a^n}{(a-x)^n} \qquad (38)$$

dove a è il raggio della condotta, n un numero maggiore (o uguale) all'unità, ed R_0 è la resistenza al centro. La resistenza complessiva sull'intera sezione sarà quindi:

$$R = 2\pi R_0 a^n \int_0^a \frac{x}{(a-x)^n} dx \qquad (39)$$

Evidentemente, si tratta di un integrale divergente, anche se Fontana sembra rendersene conto solo dopo l'integrazione:

$$R = \frac{2\pi R_0 a^n}{(n-1)(n-2)} \left[\frac{(n-1)x - a}{(a-x)^{n-1}} + \frac{1}{a^{n-2}} \right] \qquad (40)$$

L'esame della precedente espressione ci scopre un singolar paradosso: imperciocchè surrogato in essa a in luogo di x ad effetto di conseguire il valore della Resistenza nell'area intera del lume ABCD ritrovasi infinito un siffatto valore contro ogni apparenza di verità.

Per uscire dal paradosso, Fontana non escogita soluzione migliore che di sostituir al raggio a un raggio $a + \delta$, che non ha altra giustificazione che quella di rendere convergente l'integrale.

Riconosce che più elegante dal punto di vista matematico e più fondata sul piano fisico è l'argomentazione di Bossut ricavata dal suo trattato di idrodinamica.[61]

---

[61] CHARLES BOSSUT, *Traité théorique et expérimental d'Hydrodynamique*, Tome Premier, Chap. X, Paris, 1786, pp. 375-77.

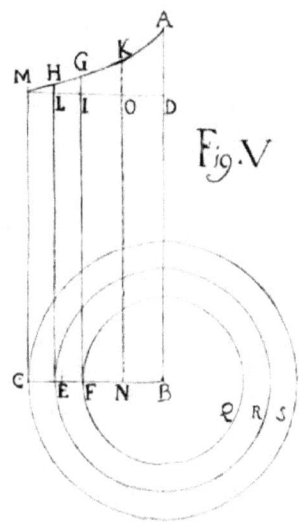

Fig. 14. La figura V della *Dissertazione* di Fontana

L'espressione della portata

$$Q = \frac{2t\sqrt{a}}{\theta} \int \pi x \, dx \, \sqrt{X} \, , \qquad (41)$$

risulta più comprensibile se si tiene conto del fatto che

$$\sqrt{X} = \frac{v}{\sqrt{2g}} \, , \qquad (42)$$

dove v indica la velocità e g l'accelerazione di gravità, e

$$\frac{2\sqrt{a}}{\theta} = \sqrt{2g} \, , \qquad (43)$$

per cui la portata viene espressa da

$$\frac{Q}{t} = \pi \int_0^R x \, v(x) \, dx \, . \qquad (44)$$

Se, seguendo Bossut e Fontana, ipotizziamo un andamento lineare della velocità, cioè

$$v(x) = v_0 - \frac{v_0 - v_R}{R}\, x, \qquad (45)$$

dove v_0 e v_R indicano le velocità rispettivamente al centro e al bordo, la portata diventa

$$\frac{Q}{t} = \pi R^2\, \frac{v_0 + 2v_R}{6}. \qquad (46)$$

Seconda parte

L'enunciato del tema proposto dall'Accademia

Cercar la cagione, per la quale l'acqua salendo ne' getti quasi verticali de' vasi, se le luci di questi getti siano assai tenui, essa non giunge mai al livello dell'acqua del Conservatorio, e quanto la luce è più piccola, tanto l'altezza dell'acqua si faccia sempre minore; come pure indagare la vera cagione per la quale l'altezza dell'acqua nel conservatorio, o il foro, per cui esce, essendo ognor maggiore, si diminuisca ognor più l'altezza de' suoi getti.

non era puramente qualitativo, in quanto contiene due affermazioni che possiamo definire come semi-quantitative. La prima è che la perdita di livello del getto rispetto a quello della riserva aumenti al diminuire della luce del foro; la seconda che la stessa aumenti all'aumentare dell'altezza dell'acqua. Un testo che lascia ad intendere come sia sperimentalmente fondata la correlazione fra perdita di quota del getto nei confronti del livello dell'acqua nel serbatoio, il diametro del foro e quello del condotto di derivazione.

Appare evidente che l'estensore della proposizione assunta come tema del concorso aveva come riferimento principale l'opera di Mariotte, anche se appare difficile giudicare dell'attendibilità dei risultati sperimentali pubblicati da De la Hire, sia perché non conosciamo le reali condizioni in cui sono stati effettuati i rilievi metrici e la loro riproducibilità, sia per la loro povertà. Si tratta infatti di misure raccolte con cinque altezze diverse dell'acqua nella riserva e, per ciascuna di queste, di tre prove effettuate con tubi e fori di diametro diverso. Una variabilità di condizioni sperimentali che influisce pesantemente anche sulla determinazione empirica della dipendenza fra la perdita di livello del getto e il livello dell'acqua nel serbatoio. Vero è che, circa un secolo dopo le prove idrauliche di Mariotte, un altro francese, Coulomb, ricaverà la legge fondamentale delle interazioni elettrostatiche che porta il suo nome, sulla base di tre sole misure.[62]

---

[62] «Il résulte donc de ces trois essais, qur l'action répulsive que les deux balles électrisées de la même nature d'électricité exercent l'umne sur l'autre, suit la raison inverse du carré des distances», da Charles Augustin de Coulomb, *Détermination expérimentale de la loi suivant laquelle les élements des Corps électrisés du même genre d'Électricité se repoussent mutuellement*, in «Histoire de l'Académie Royale des Sciences», année 1785.

Un atteggiamento epistemologico basato su un'ottimistica fiducia nella possibilità di scoprire relazioni fra i parametri fisici che intervengono nei fenomeni naturali rappresentabili attraverso funzioni matematiche semplici, che andrà sempre più rafforzandosi fino alla fine dell'Ottocento tanto da divenire una delle caratteristiche di quell'atteggiamento filosofico che va sotto il nome di Positivismo.

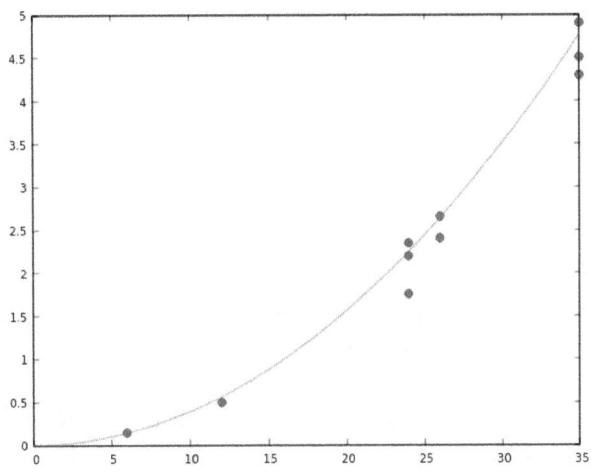

Fig. 15. Perdita di quota in funzione dell'altezza dell'acqua nel contenitore:
rappresentazione dei dati ottenuti da Mariotte.

In realtà, i dati raccolti da Mariotte, dimostrano che la seconda *Règle* – I getti diminuiscono nei confronti dell'altezza della riserva secondo la ragione doppia delle altezze stesse – è in larga misura arbitraria, e determinata più dal desiderio di fornire una descrizione quantitativa del fenomeno che giustificata da una lettura oggettiva dei risultati.

Più convincenti appaiono i dati raccolti da Bossut, ed esposti nella Tab. II, dai quali emerge la volontà di ricercare sperimentalmente una possibile relazione fra il diametro del foro e la perdita di quota. Bossut, infatti, fissati il livello dell'acqua nel serbatoio e il diametro della condotta, fa una serie di prove in cui fa variare solamente il diametro dell'orifizio.

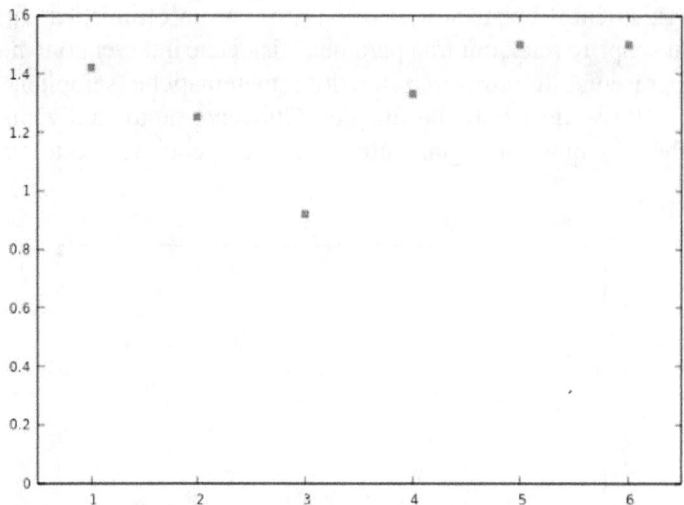

Fig. 16. Perdita di quota in funzione del diametro del foro in linee:
rappresentazione dei dati ottenuti da Bossut.

Le prove condotte con un livello di 11 piedi d'acqua producono risultati nei quali è difficile riconoscere una qualche sorta di regolarità; mentre quelle realizzate con un livello di poco superiore ai 3 piedi sembrano suggerire una dipendenza semplice fra la perdita di quota e la larghezza del foro. Più precisamente, che il dislivello dapprima diminuisca all'aumentare del diametro dell'orifizio, fino ad un'apertura di tre linee (poco più di 6 mm), e poi prenda ad aumentare all'aumentare del diametro. Suggerisce pertanto l'esistenza di un diametro - il valore del quale dipenderà dal livello dell'acqua e dal diametro della condotta - al quale corrisponda una perdita di quota minima. Fontana generalizza questo risultato riferendolo, ingenuamente, al rapporto fra il diametro del lume e il diametro del tubo che, nel solo caso preso in esame e ricavato da Bossut è di 3 linee rispetto ad un pollice (12 linee) ovvero ¼.

La Seconda Parte della *Dissertazione* raccoglie e sintetizza le risposte ai quesiti proposti dal bando dell'Accademia.

Da quanto è stato detto, risulta dimostrato che sul fenomeno del getto d'acqua i parametri di rilievo sono gli ultimi tre presi in esame, cioè la resistenza dell'aria, l'attrito dell'acqua contro le pareti del condotto, viscosità e tensione superficiale.

LA RESISTENZA DELL'ARIA

La prima sezione della II Parte è dedicata alla resistenza dell'aria. A questo proposito, Fontana cita gli esperimenti condotti da Daniel Bernoulli a S. Pietroburgo con palle sparate da cannoni disposti verticalmente e i risultati teorici esposti in una dissertazione[63] pubblicata nel 1729 sugli annali dell'Accademia della capitale russa, un tema al quale aveva anche dedicato la *Sectio Decima* dell'*Hydrodynamica*.[64]

Il risultato esposto da Fontana,

$$x = \frac{nb}{f} \, log \left(1 + \frac{fa}{nb} \right), \qquad (47)$$

dove x indica la quota raggiunta dal proiettile, è singolarmente simile a quello delle moderne trattazioni. Infatti, se si tien conto che *b* indica il diametro della palla, *a* l'altezza della caduta nel vuoto a cui corrisponde la velocità di lancio, *f* il rapporto tra la densità dell'aria e quella del ferro (di cui è costituita la palla), in termini moderni, la formula assumerebbe la forma:

$$x = 2 \frac{n}{f} R \log \left(1 + \frac{f}{4n} \frac{u_0^2}{gR} \right) \qquad (48)$$

con $n = \frac{4}{3}$, $f = 1,5 \times 10^{-4}$, g ad indicare l'accelerazione di gravità, R il raggio della sfera ed u_0 la velocità di lancio.

Nelle moderne trattazioni, nelle quali si ipotizza una resistenza aerodinamica

$$\frac{1}{2} C \rho_a (\pi R^2) \, u^2 \qquad (49)$$

con il coefficiente di resistenza

$$C = 0,47 \, ,$$

l'altezza massima raggiunta in salita è

$$x = \frac{4}{3} \frac{R}{fC} \, ln \left(1 + \frac{3}{8} \frac{fC}{Rg} u_0^2 \right) \qquad (50)$$

nella quale *f* indica il rapporto delle densità. Se si assume per la massa volumica del ferro $7,96 \times 10^3 \frac{kg}{m^3}$,

$$f = 1,54 \times 10^{-4}.$$

---

[63] DANIEL BERNOULLI, Dissertatio de Actione Fluidorum in Corpora solida et Motu Solidorum in Fluidis, Comment. Petrop. Tom. II., 1727, pp. 304-342.

[64] ID., De vi aëris condensati & auræ pulverisn pyrii accensi ad globos projiciendos in usu sclopetorum pneumatico rum & tormento rum bellicorum, in Hydrodynamica, cit., pp. 234-243.

Nel caso proposto da Fontana:

$$R = 2 \text{ pollici} = 5 \text{ cm},$$
$$a = 2968 \text{ piedi} = 905 \text{ m},$$
$$u_0 = \sqrt{2ga} = 133 \; \frac{m}{s}.$$

Inserendo i valori nella predente, si ottiene $x = 629 \; m$ di fronte ai 2129 *piedi* (650 m) ottenuti da Fontana con la (47).

LA CONSERVAZIONE DELL'ENERGIA IN NUCE

Fontana affronta anche una questione che, a rigore, sarebbe estranea al fenomeno trattato; ma che gli consente di far mostra delle sue conoscenze. Si tratta del fatto che, talvolta, all'apertura del rubinetto, il getto può raggiungere altezze notevolmente maggiori del livello del liquido nel serbatoio. «Anzi – specifica Fontana – il gran geometra Sig. Daniello Bernoulli attesta di aver ottenuto coi tubi di vetro questo salto momentaneo fino a dieci e venti volte più alto della Conserva». La ragione del fenomeno, viene indicata da Fontana in una camera d'aria che si può formare all'estremità del condotto, rappresentata in figura VI dal tratto NBFM. La conseguenza è che la prima acqua che esca dal tubo non risente della resistenza dell'aria, viaggiando nel vuoto. La trattazione quantitativa del fenomeno fornisce a Fontana l'occasione di utilizzare il «gran Principio della Conservazione delle Forze Vive, ovvero dell'Uguaglianza fra l'Ascesa Potenziale e la Discesa Attuale, Principio già da tanti dimostrato, e dal predetto Geometra mirabilmente applicato alle più arcane ricerche d'Idrodinamica [...]».

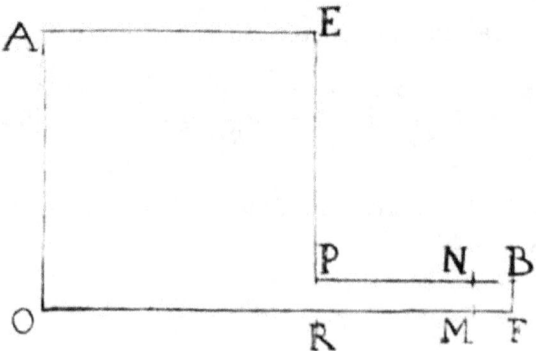

Fig. 17. La figura VI della *Dissertazione* di Fontana.

Parte infatti dall'ipotesi che

$$Mv = ma \qquad (51)$$

dove non bisogna farsi ingannare dai simboli: M ed m indicano effettivamente le due masse, ma a indica l'altezza dell'acqua nel serbatoio e v la distanza orizzontale fra la sezione MN e la BF. Poiché tuttavia la velocità acquistata è proporzionale al quadrato dell'altezza, si potrebbe vedere nella precedente un nebuloso tentativo di applicazione del teorema delle forze vive. Poiché le velocità sono proporzionali alle sezioni dei condotti, l'assunto conduce Fontana a concludere che

$$h = \frac{m}{M} \left(\frac{D}{d}\right)^4 a \qquad (52)$$

dove m è la massa dell'acqua contenuta nel cilindro NBFM, a il livello del liquido, D e d i diametri del recipiente e del tubo ed M la massa dell'acqua nel serbatoio. Il fatto stesso che quest'ultima grandezza compaia nella formula ne rivela tuttavia la fallacia.

CONSIDERAZIONI CONCLUSIVE

La *Dissertazione* venne premiata durante la solenne cerimonia che si tenne l'11 giugno 1775 in occasione dell'inaugurazione della nuova sede dell'Accademia Reale. Come ci racconta un anonimo cronista,

[...] il Sig. Cancelliere chiamò i Signori Procuratori del P.D. Gregorio Fontana delle Scuole Pie Regio Professore di matematica nell'Università di Pavia e del Nobile Sig. Abate Francesco Maria Colle di Belluno, a presentarsi davanti al Sig. Conte Prefetto Colloredo per ricevere dal medesimo i Premj delle 2. Dissertazioni coronate; e fu subito consegnato al primo per la Dissertazione di Idrodinamica una gran Medaglia d'Oro, che nel dritto ha il busto di S.M. Cesarea con intorno IOSEPHVS II. AVGUSTUS, e nel rovescio Minerva sedente con una corona nella destra, e sopra in giro DEVS NOBIS HAEC OTIA FECIT, e da basso ARTES ET SCIENTIAE REST. ACAD. MANT. INSTAVR. MDCCL[65]

Il testo della *Dissertazione* venne pubblicato[66] con un'appendice, non inerente al concorso, dedicata al *Moto dei corpi ne' mezzi resistenti*, che occupa quasi metà del tomo ed è in buona parte dedicata alla balistica.

Il Fontana venne accolto nell'Accademia e fu forse in polemica con lui se, qualche anno dopo, le riflessioni sul linguaggio e il metodo scientifico trovarono

---

[65] Ragguaglio delle funzioni fattesi in Mantova per celebrare l'inaugurazione della nuova fabbrica della Reale Accademia delle Scienze, e Belle Arti, Mantova, Erede Pazzoni 1775.

[66] GREGORIO FONTANA, Dissertazione Idrodinamica sopra il quesito «Cercar la cagione ecc.» presentata al concorso dell'anno 1774 dal P. Don Greg. Fontana e coronata dalla Reale Accademia di Scienze e Belle Lettere di Mantova, con un'appendice sopra il moto ne' mezzi resistenti, Mantova, Erede Pazzoni 1775.

posto in un concorso bandito dall'Accademia, con il tema: «Se vi sia qualche eccesso nell'uso, che suol farsi del calcolo, quali sieno di ciò le cagioni; quai danni ne possano venire e quali regole v'abbiano per stabilirne i giusti confini».[67]

Ai fini della ricostruzione del clima culturale dell'epoca, il peso prevalente è rappresentato dalle opere e dai nomi richiamati nella *Dissertazione* di Fontana, che ne testimoniano una formazione culturale di respiro europeo. Tuttavia, è significativo anche ciò che manca nel saggio, cioè ogni riferimento ad un personaggio, Ruggiero Boscovich, gesuita, che godeva di grande prestigio nel campo dell'idraulica, autore di numerosi studi in materia e che lo aveva preceduto nella cattedra di Analisi Matematica all'università di Pavia. Un suo discepolo, Antonio Lecchi, aveva di recente pubblicato un manuale di idraulica, favorevolmente accolto alla Corte di Vienna.[68]

Basti ricordare che l'*Articolo Primo* della *Parte Terza* di questo manuale è costituito da un intervento, sotto forma di lettera, di Boscovich, dedicato a alla misura delle acque zampillanti.[69]

Boscovich, con ogni probabilità, faceva parte della commissione a cui era demandato il compito di giudicare i lavori scientifici inviati all'Accademia, alla quale era stato chiamato fin dalla sua fondazione.[70]

Indagare i motivi di questa esclusione riguarda gli storici della scienza e ci porterebbe, comunque, fuori dai limiti di questo studio. Ci limitiamo a ricordare che l'Ordine dei Gesuiti, a cui appartenevano tanto Boscovich che Lecchi, era stato soppresso due anni prima con il breve *Dominus ac Redemptor* di papa Clemente XIV e, forse, anche questo importante evento – oltre alla tradizionale rivalità fra scolopi e gesuiti – non è estraneo ad un'assenza di riferimenti, altrimenti inspiegabile.

---

[67] *L'archivio storico dell'Accademia Nazionale Virgiliana di Mantova, Inventario*, a cura di Anna Maria Lorenzoni e Roberto Navarrini, (Quaderni dell'Accademia n. 1), Mantova, 2013, p. 450.

[68] ANTONIO LECCHI, S.J., Idrostatica esaminata ne' suoi principj e stabilita nelle sue regole della misura delle acque correnti, 2 voll., Milano, nella stamperia di Giuseppe Marelli 1765.

[69] Ivi, Lettera del P. Boscovich sulli principj, su' quali si possano appoggiare le regole pratiche per la misura delle acque, che escono dalle aperture e corrono per gli alvei, pp. 319-345.

[70] LEDO STEFANINI, *Quattro lettere di Ruggiero Boscovich alla Reale Accademia di Mantova*, in «Atti e Memorie» n.s. LXXXII, 2014, Accademia Nazionale Virgiliana, Mantova, Publipaolini 2016.

DISSERTAZIONE
IDRODINAMICA

SOPRA IL QUESITO

Cercar la cagione, per la quale l' acqua falendo ne' getti quafi verticali de' vafi, fe le luci di quefti getti fiano affai tenui, effa non giunga mai al livello dell' acqua del Confervatorio, e quanto la luce è più piccola, tanto l' altezza dell' acqua fi faccia fempre minore; come pure indagare la vera cagione per la quale l' altezza dell' acqua nel confervatorio, o il foro, per cui efce, effendo ognor maggiore, fi diminuifca ognor più l' altezza de' fuoi getti :

PRESENTATA AL CONCORSO DELL' ANNO 1774.

DAL P. DON GREG. FONTANA

Delle Scuole Pie

REGIO PROF. DI MATEM. NELL' UNIVERSITA' DI PAVIA

E CORONATA

DALLA REALE ACCADEMIA DI SCIENZE E BELLE LETTERE
DI MANTOVA.

Con un' APPENDICE fopra il

MOTO DE' CORPI NE' MEZZI RESISTENTI.

IN MANTOVA MDCCLXXV.

Per l' Erede di Alberto Pazzoni Regio-Ducale Stampatore.
CON LICENZA DE' SUPERIORI.

DISSERTAZIONE
IDRODINAMICA
SOPRA IL QUESITO

Cercar la cagione, per la quale l'acqua salendo ne' getti quasi verticali de' vasi, se le luci di questi getti siano assai tenui, essa non giunga mai al livello dell'acqua del Conservatorio, e quanto la luce è più piccola, tanto l'altezza dell'acqua si faccia sempre minore; come pure indagare la vera cagione per la quale l'altezza dell'acqua nel conservatorio, o il foro, per cui esce, essendo ognor maggiore, si diminuisca ognor più l'altezza de' suoi getti:

PRESENTATA AL CONCORSO DELL'ANNO 1774.

DAL P. DON GREG. FONTANA
DELLE SCUOLE PIE

REGIO PROF. DI MATEM. NELL'UNIVERSITÀ DI PAVIA
E CORONATA

DALLA REALE ACCADEMIA DI SCIENZE E BELLE LETTERE
DI MANTOVA

CON UN'APPENDICE SOPRA IL

MOTO DEI CORPI NEI MEZZI RESISTENTI

IN MANTOVA MDCCLXXV.

PER L'EREDE DI ALBERTO PAZZONI REGIO-DUCALE STAMPATORE,
CON LICENZA DE' SUPERIORI.

MONSIEUR,

Les droits que Vous avez acquis par vos travaux littéraires à la reconnoissance et à l'admiration de tous ceux qui cultivent les Science set honorent l'Humanité par leur lumieres, la voix de la Renommée qui Voux a placé depuis lomg-tems dans un rang distingué parmi les Savans, la faveur que Vous daine accorder aux Gens de Lettres de tous les États, faveur qui Vous est aussi honorable qu'à ceux même qui en sont l'object, anfin les obligations particulières que je Vous ai, et la mémoire que j'en conserverai toute ma vie: tous ces motifs m'ont engagé à Vous prier de recevoir l'hommage de la foible production que j'ose Vous presente. Elle n'a d'autre mérite que d'avoir obtenu les suffrages d'une Académie qui sous les auspices de la plus grande des IMPÉRATRICES, et la coopération d'un Prince de la plus étonnant activité et pénétration, tel que l'Archiduc FERDINAND, pourroit queque jour former une époque glorieuse dans les fastes de notre Littérature, et soutenir auprès des Nations étrangères la réputation et la splendeur du nom Italien. Si parmi les soins d'une vaste administration, e tau milieu de tant d'affaires compliquées qui Vous enlevent à votre occupation favorite, à la contemplation et à l'étude de la Nature, Vous pluviez sacrifier quelques instans à la lecture de ce Livre, & avec cet ésprit sage et solide, ce tact fin et délicat dont Vous saisissez le Vrai et le Beau dans tout ce qui s'offre à vos regards, Vous en bugie tant soit peu favorablement, je me croirois récompensé avec usure de mon travail. Vous reconnoîtrez, Monsieur, que si en traitant mon sujet je m'enfonce dans les profondeurs de l'Analyse, ce n'est pas pour parler sans nécessité ce language mysterieux qui a opéré tant de merveilles dans la Science de la Nature et a fait changer de face à la Physique, mais uniquement pour me frayer un chemin à la solution exacte et complette du Problême, à laquelle on n'auroit pas pu atteindre par d'autres moyens. Je n'ignore pas ce qu'on dit depuis quelque tems de cet ésprit de calcul qui règne peut-être un peu trop dans les Livres des Philosophes modernes, et ce n'est pas sans raison qu'on soutient maintenant, que la Philosophie en prenant la teinture des esprits où elle se trive, chez un Métaphysicien elle est ordinairement toute systematique, et trop souvent aride et herissée de calcul chez un Géometre. Cepandant dans les questions compliquées et oscure, de la nature de celle que je cherche à discuter ici, on ne sauroit nier, que si l'on ne marche à la lueur de la sublime Géometrie on aboutira tout au plus à des résultats vagues et inexacts qui au lieu de répandre la lumière sur le sujet principal en augmentent l'incertitude et l'obscurité. Mais c'est déja trop parler de mon ouvrage, et on scait quel est le prix de cette petite vanité d'Auteur, à laquelle Milton a donné si à propos une place dans ce séjour des insencée, dans ce sublime et pittoresque PARADIS OF FOOLS (*). Laissant donc de côté tout ce qui concerne ma lager production, je me borne à Vous supplier de vouloir bien régarder avec l'indulgence qui Vous est naturelle l'humble tribut, que ma sensibilità s'efforce de payer au génie, à la supériorité des connoissances, au coeur bon et honnête, et aux vertus aimables qui sont un si bel ornement de votre vie privée ... Mais je sens que je fais souffrir votre modestie, et que ce seroit abuser de la liberté de la dédicace que de retracer à vos yeux des vérités que Vous seul voulez oublier. Je finis donc en faisant des voeux avec tous mes Collegues pour la conservation duMinistre éclaoré, de l'Ami des Art set des Lettres qui avec cette générosité si rare et si noble sait rechercher le mérite modeste et timide, et je plait à le relever. Ces voeux me sont communs avec tous les gens de bien qui ont le bonheur de Vous connoître et de Vous admirer, Ceux que je forme en mon particulier sont fondés sur le pus beau de tous les titres, celui de la reconnoisance.

   Je suis aves le plus profond dévoument et l'estime la plus respecteuse,

MONSIEUR,
Votre très-humble et
Très-obeissant Serviteur
G. Fontana.

(*) Milton *Par. Lost* B. III. v. 422 – 497.

……... ……………..all who in vain things
Built their fond hopes of glory or lasting fame,
……… …………..and many more too long,
Embryos, and idiots, eremites, and friars
 White, black, and gray, with all their trumpery…
……... now Saint Peter at Heaven's wicket seems
 To wait them with his keys, and now at foot
Of Heaven's ascent they lift their feet, when lo
A violent cross wind from either coast
Blows them transverse, ten thousand leagues awry
Into the devious air: Then might ye see
Cowls, hoods, and habits, with their wearers, tossed
And flutter'd into rags.

DISSERTAZIONE IDRODINAMICA
SOPRA I GETTI
D'ACQUA

Consult the Genius of the Place in all;
That tells the Waters or to rise, or fall.

Pope Mor. Ess. Ep. 4.

PARTE I

> Cercar la cagione, per la quale l'acqua salendo ne' getti quasi verticali de' vasi, se le luci di questi getti siano assai tenui, essa non giunge mai al livello dell'acqua del Conservatorio, e quanto la luce è più piccola, tanto l'altezza dell'acqua si faccia sempre minore; come pure indagare la vera cagione per la quale l'altezza dell'acqua nel conservatorio, o il foro, per cui esce, essendo ognor maggiore, si diminuisca ognor più l'altezza de' suoi getti.

1. Molto tempo prima che la Reale Accademia di Mantova avesse pensato a proporre all'investigazione de' Geometri un Quesito cotanto vago, interessante ed elevato, scelto con infinito accorgimento fra i più belli e curiosi dell'Idraulica, io avea più d'una volta in varie riprese per pura vaghezza di non inutile speculazione rivolti i miei studj e le mie meditazioni all'esame d'un tal Problema, considerato sotto tutti gli aspetti, e in tutti gli accidenti e circostanze che l'accompagnano. Avendo per tanto raccolti insieme, e ridotti in ordine sistematico i miei, quali essi sieno, pensamenti intorno a siffatto argomento, mi sono determinato di buon grado ad assoggettarli al definitivo giudizio della Reale Accademia, o per confermarmi nella persuasione della loro verità, importanza, e novità nel caso che sieno approvati, o per ritornare su i miei passi e ricredermi d'un vecchio errore nel caso contrario,

2. Alla prima occhiata che gettasi su questo delicato Problema è facile a chiunque di accorgersi, che senza il più fino maneggio dell'alta Geometria, e della recondita Analisi non è possibile di ritrovarne, lo scioglimento il quale compiutamente soddisfaccia all'aspettazione dell'illustre Adunanza, che lo ha proposto, ed appaghi le difficili e minute brame e le scrupolose e giuste ricerche degl'Iniziati ai misterj delle Matematiche. Da che l'Analisi è divenuta nelle mani del Fisico accurato la chiave delle scoperte che possono farsi nella scienza della Natura, e ben sovente una semplice formola, una pura espressione simbolica dà lume ad una scienza intera, e comprende in se una moltitudine di verità, che

costituiscono la parte più importante e considerabile di quella; non è più lecito di sperare, che senza questa necessaria scorta si possa fare gran viaggio nelle provincie del sapere, e vagare senza smarrirsi ne' laberinti dell'Idraulica, dove l'esperienza ora mutola non risponde, ora incerta non risolve, ora contraddittoria inganna e confonde. Allorché si tratta di misurare, paragonare, analizzare i fatti, talvolta complicatissimi, manifestati dall'esperienza; quando si vuol dedurne delle Regole e de' Metodi, e formarne delle Leggi, e de' Canoni generali; dove trattasi per lo meno di assegnare i limiti e confini, dentro i quali si contiene l'errore o la verità, la Scienza generale de' rapporti diviene allora tanto necessaria al Filosofo investigatore quanto all'Architetto ne' suoi lavori rendesi indispensabile il maneggio della Squadra, all'Astronomo del Quadrante. Il pronunciare fastosamente come taluni fanno, (e chi non sa come decise dell'Uva la Volpe della Favola?) che nell'Idraulica vi vogliono esperienze e non calcoli, e che la Geometria e l'Analisi ad altro non servono che ad oscurare ed inviluppare sotto un misterioso linguaggio la verità, è lo stesso che un non voler riconoscere qual nuova luminosa carriera siasi aperta nella scienza de' Fluidi dopo ché i sommi Ingegni del secolo, Newton, Giovanni, e Daniello Bernoulli, Eulero, D'Alembert, La Grange, Kästner, Bossut vi portarono la luce della sublime Geometria, della quale essendo privi i primi Scrittori Idraulici dello scorso secolo poche ed incerte orme segnarono su quell'arduo cammino (a). Quindi è, che il Sg. D'Alembert nella Prefazione dell'eccellente Opera sull'*Equilibrio e Moto de' Fluidi* parlando in tal proposito dichiara esser sempre necessaria l'alta Geometria nel confronto, e nell'Analisi de' fatti che l'esperienza ci scopre. *Cercheremo noi* (soggiung'egli) *in un soggetto sì complicato di illuminarci con esperienze moltiplicate in infinito? Pressoché tutte quelle che noi possiamo tentare in questa materia, sono per tal modo accompagnate da circostanze le quali ci allontanano dalla precisione, e ci rapiscono, per così dire, la verità, che non debbono per la maggior parte riguardarsi se non come un mezzo di confermare, e d'appoggiare i nostri calcoli. L'Arte adunque consiste nel ridurle e analizzarle per formarne un vero Corpo di Scienza.* Quest'Arte appunto noi ci studieremo di adoprare nel presente argomento; con essa faremo l'esatto confronto deimn fatti, e l'Analisi delle sperienze; scandaglieremo la natura delle diverse circostanze; indagheremo l'arcana influenza di certe non ben conosciute cagioni; calcoleremo le forze, e la quantità degli effetti; e riducendo tutto a peso e misura raccoglieremo tratto tratto su nostri passi de' Canoni generali, parte nuovi, parte non per anco dimostrati, parte non abbastanza caratterizzati. Le belle Sperienze di Mariotte, e Bossut saranno i materiali, che metteremo in opera; la Geometria, e l'Analisi innalzeranno l'edifizio,

3. Esaminato per tanto attentamente il Quesito io lo divido in quattro parti:
I.   Perché i Getti quasi verticali non giungono mai al livello dell'acqua del recipiente.

II.   Perché l'altezza del Getto si rende sempre tanto minore, quanto è più picciolo il foro da cui l'acqua zampilla.

III.   Perché nuovamente tanto più il Getto s'accorcia, quanto è più alta l'acqua della Conserva:

IV.   Perché, e in quali circostanze allargandosi più l'orifizio o lume del getto, vie maggiormente questo s'abbassa.

    4. Diviso in tal modo il problema m'innoltro ad ordinare metodicamente le Sperienze di Mariotte (b), e Bossut (c), disponendole nelle due Tavole seguenti.

Sperienze di Mariotte

5

TAVOLA I.

	Altezza dell' acqua nella Conserva		Apertura del Tubo di derivazione	Apertura del Lume del Getto	Altezza del Getto quasi verticale		
	Piedi	Pollici	Pollici	Linee	Piedi	Pollici	Linee
Sper. 1	24	5	3	6	22	10	
2	24	5	3	4	22	8 ½	
3	24	5	3	3	22	2	
4	12	4	3	6	12		
5	5	6	molto larga	3	in circa		
6	5	6	molto larga	4	5	3	10
7	5	6	molto larga	6	5	3	11
8	26	1	3	6	24	2 fino a 3	
9	26	1	3	10	23	9	
10	26	1	3	3	22		
11	34	11 ⅔	3	6	31	8 fino a 9	
12	34	11 ½	3	3	28		
13	34	11 ⅓	3	4	30		
14	34	11 ½	3	15	27		

Sperienze del Sig. Abbate Bossut

TAVOLA II.

	Altezza dell'acqua nella Conserva			Larghezza del Condotto		Apertura del Lume	Altezza del Getto quasi verticale		
	Piedi	Pollici	Linee	Pollici	Linee	Linee	Piedi	Pollici	Linee
Esp. 1	11			3	8	2	10	4	6
2	11			3	8	4	10	7	6
3	11			3	8	8	10	8	
4	11			3	8	Cannello Conico	9	8	6
5	11			3	8	CannelloCilindrico	7	3	6
6	11			0	9in10	2	9	11	
7	11			0	9in10	4	9	7	10
8	11			0	9in10	8	7	10	
9	3	2	11	1		1	3	1	6
10	3	2	11	1		2	3	1	8
11	3	2	11	1		3	3	2	
12	3	2	11	1		4	3	1	7
13	3	2	11	1		5	3	1	5
14	3	2	11	1		6	3	0	4
15	3	2	11	1		7	2	10	6

Si osservi qui di passaggio, che nella 4.ª e 5.ª Sperienza del Signor Bossut i due Cannelli Conico, e Cilindrico sono verticalmente incastrati nel tubo di derivazione avendo il primo 5. poll. e 10. lin. di altezza, 9.lin. di diametro nella base inferiore, e 4. nella base superiore; e il secondo uguale altezza, e 4. lin. di diametro.

5. Piantati questi fondamenti delle mie ricerche io incomincio a discorrere così: Le Teorie più accertate e sincere concorrono a stabilire, che dai fori assai piccioli de' vasi, posti da parte tutti gl'impedimenti, scagliasi l'acqua con quell'impeto e velocità, che dalla caduta libera d'un grave per un'altezza eguale a

quella dell'acqua sopra il foro del recipiente verrebbe prodotta. Quindi per necessaria conseguenza discende, che se mediante un breve condotto si volge il getto verticalmente all'insù, salirà questo, secondo le leggi del Moto equabilmente ritardato, all'altezza generatrice della sua iniziale velocità, vale a dire al livello dell'acqua del conservatorio. Tanto appunto decide e dimostra la più severa Teoria. Ma intanto l'esperienza, quell'altra guida del Filosofo, tiene un altro linguaggio: essa dà costantemente a divedere, che i Getti verticali o pochizzimo inclinati stanno sempre, quando più, quando meno, sotto il livello dell'acqua del vaso. D'onde nasce tal discrepanza fra la Teoria, e l'Esperienza? Onde avviene, che due Maestre di Verità pronunziano due sentenze e decisioni sì opposte in una stessa Causa? L'origine dell'antilogia è manifesta: Decide, è vero, la Teoria, e decide contro l'esperienza; ma protesta anticipatamente, che vuol prescindere da tutti gli ostacoli; che non vuol tener conto delle cagioni alteranti che turbar possono l'effetto; che in fine vuol prima contemplare il soggetto sotto l'aspetto più semplice e in uno stato astratto e mentale, per poi farsi strada a renderlo gradatamente più composto, e a considerarlo per ultimo nel suo stato reale e in tutte le sue circostanze. Ora di che trattasi adunque? Di null'altro se non se di vedere quali esser possano siffatti impedimenti, o cagioni ritardatrici della velocità dei Getti; d'indagare l'indole loro; di calcolare la quantità dell'azione; e di assegnare a ciascuna Forza ritardatrice quella parte che le compete nell'indicata alterazione.

6. Meditando per tanto attentamente su questo punto interessante, io riduco ad otto le Forze ritardatrici, che o poco o molto, o sensibilmente, o insensibilmente opponendosi al libero movimento del Getto ne indeboliscono la velocità, e quindi ne diminuiscono l'altezza, e delle quali conviene stabilire la realità, o l'insussistenza.

FORZE RITARDATRICI

V.   Inclinazione del Getto comeché piccolissima, necessariamente richiesta.

VI.   Adesione delle particella dell'acqua tra loro, e alle pareti del tubo.

VII.   Urto delle parti posteriori della colonna del Getto nelle contigue anteriori.

VIII. Urto obliquo, e laterale dell'aria circostante alla colonna del getto.

IX.   Preponderanza della colonna d'aria incombente all'orificio del Getto sopra la colonna d'aria appoggiata alla superficie dell'acqua nel recipiente.

X.   Resistenza dell'aria, attraverso la quale dee farsi strada l'acqua zampillante nel sollevarsi.

XI.   Attrito o Sfregamento delle particelle dell'acqua ai lati del Conservatorio, e contro le pareti del condotto annesso al medesimo.

XII.   Frizione o Attrito delle molecole dell'acqua contro il perimetro o margine del lume d'onde il getto s'innalza.

L'esame analitico ed accurato di ciascuna di queste Forze, la misura della loro energia ed attività, e il calcolo della loro influenza nel produrre la supposta alterazione sarà adunque l'unica e vera strada di sciogliere compiutamente il

Quesito, i quattro punti del quale diventeranno semplici corollarj delle nostre Formole, corollarj che noi andremo ricavando di mano in mano, confermandone tante volte la verità quante volte ci verrà fatto di ravvisarli nei risultati del nostro Calcolo, Incominciamo adunque dall'

7. *Esame della I Forza Ritardatrice.* Se il getto fosse perfettamente verticale, egli è evidente, che l'acqua dopo esser salita ricaderebbe sopra se stessa, e contrasterebbe col proprio peso animato dall'impeto della discesa il libero movimento all'acqua che tuttavia va salendo: e con ciò verrebbe a notabilmente diminuirsi la velocità e la giusta altezza del Getto medesimo. Di qui è, che la Reale Accademia per iscansare questo inconveniente, e per fare che l'acqua del Getto nel discendere non ritorni sulla strada già fatta, saggiamente propone di dare al Getto un tantino di inclinazione, chiamandolo perciò *quasi verticale*. Le sei prime esperienze del Sig. Bossut Tav. II. sono più che bastanti a convincere del vantaggio, che con inclinare insensibilmente il getto si dona alla sua salita ed altezza; imperciocché nella prima il getto esattamente verticale era più basso di 3. poll. e 8. lin. del Getto un pochino inclinato da me registrato nella Tav.; nella 2. sperienza era quello più basso di questo di 1. poll. e 8. lin.; nella 3. di 1. poll. e 6. lin.; nella 4. di due poll. e 2. lin.; nella 5. finalmente di 2. pollici. Ma quest'inclinazione comunque picciola è ella poi libera da ogni inconveniente? Possiamo esser sicuri, che ella non influisca alcun poco per qualche altra ragione ad accorciare l'altezza del Getto? Il solo Calcolo può deciderne, e noi dobbiamo (se vuolsi, come è giusto, procedere con rigore) assicurarci, che l'energia d'una tal causa non può esser sensibile, prima di escluderla dal numero delle Forze Ritardatrici. Ora egli è noto dalla Dottrina de' Proietti, che un grave scagliato in alto con pochissima obliquità descrive un'acutissima Parabola Apolloniana (*d*), in cui la distanza del vertice dalla retta orizzontale che passa pel punto di projezione costituisce l'altezza del Getto. Si faccia l'altezza generatrice della velocità di projezione, cioè nel nostro caso l'altezza dell'acqua sopra la luce = *a* l'angolo dell'inclinazione del Getto = φ: Io ritrovo per la differenza tra l'altezza generatrice della velocità *a* e l'altezza del Getto questa espressione

$$a - \frac{a \, cos\varphi \, \sin 2\varphi}{\sin 2\varphi},$$

che tosto si converte in

$$a + a \, (cos\varphi)^2 = a \, (\sin \varphi)^2;$$

la qual formula semplicissima ci avverte di dover moltiplicare *l'altezza dell'acqua della conserva, pel quadrato del seno d'inclinazione* per ottenere la quantità della diminuzione dell'altezza del Getto prodotta dalla sola inclinazione; e ci scuopre nel tempo stesso un altro Teorema, che *le diminuzioni delle altezze de' Getti cagionate dall'inclinazione seguitano la ragione composta della semplice delle altezze dell'acqua nei recipienti, e della duplicata de' seni d'inclinazione*. Per conoscere ormai se una tal diminuzione può essere sensibile, pongasi $\varphi = 1°$, che è certamente una delle più picciole inclinazioni che possano aver luogo in simili casi: Avremo adunque, prendendo i logaritmi, $\log(\sin \varphi)^2 = 6{,}4637196$, che ha per numero corrispondente $0{,}0003046$; e però sarà $a (\sin \varphi)^2 = 0{,}0003046\, a = \frac{3\,a}{1\,0000}$.

Ed ecco in conseguenza che sotto l'inclinazione d'un grado l'abbassamento del getto non sarà che di sole $\frac{3}{1\,0000}$ del totale; il che non può rendersi sensibile se non nelle enormi altezze. Di qui è agevole l'inferire, che anche sotto inclinazioni un poco maggiori rimarrà insensibile la diminuzione, purché non si assuma eccessivamente grande l'altezza dell'acqua nella conserva. Dimostrata la piccolissima o insensibile efficacia della prima Cagione alternatrice passiamo all'

8. *Esame della II Forza Ritardatrice*. Havvi una mutua adesione, un reciproco vincolo fra le particelle dell'acqua; havvene pure fra queste ed il vetro. La Fisica sperimentale somministra a dovizia le prive di un tal fenomeno. Ma non può concepirsi questa a aderenza senza concepire una forza, la quale tenga unite e conglutinate le particelle fra loro, e ne difficulti la separazione. Sia poi essa una forza meramente passiva, dipendente soltanto dalla scabrezza della superficie di quelle molecole che sono a contatto le une delle altre; o sia ella piuttosto, come sembra più verisimile, una forza attiva, una reciproca tendenza, o attrazione scambievole delle parti; uno de' più chiari ed esatti Fisici del secolo ha creduto, che l'azione di quella forza dovesse produrre del turbamento sensibile nel moto dell'acqua, che scaturisce dalle luci de' vasi, ritardando alcun poco, e diminuendone la velocità, e conseguentemente l'altezza de' Getti. Quanto all'adesione dell'acqua alle pareti del tubo, pare convenga lo stesso Fisico, che per lo meno con adoprare dei tubi, siccome appunto si pratica, di altra materia che non è il vetro, si renda poco o niente insensibile l'effetto di quella adesione; nel che tutta la schiera de' Fisici, e Sperimentatori è indubitatamente d'accordo con lui. Ma per ciò, che riguarda la coerenza delle particelle dell'acqua fra loro, egli è di parere, che possa questa un tal poco alterare il moto dell'acqua nell'uscire dalle luci, poiché dovendo le particelle che sortono staccarsi e disciogliersi dalle altre contigue, alle quali il vincolo di coerenza tenevale unite, né potendo ciò farsi senza qualche sforzo il quale superi la resistenza, che quelle oppongono alla loro separazione, nascerà quindi una perdita di moto e velocità nel zampillo, il quale non potrà più giungere alla giusta altezza (*e*). Il Famoso Jatro-Matematico Inglese Jacopo Jurin colla sua solita sagacità ha calcolato la quantità e gli effetti di una tal forza (*f*); ma partendo egli dalla precaria ipotesi, oggimai vacillante e rovinosa, della *Cataratta Newtoniana*, si può bene ammirare la sottigliezza e profondità della sua nuova investigazione, ma non contare gran fatto sulla sicurezza de' suoi risultati. Checché sia di ciò, non sembra punto probabile, che una tale coerenza recar possa alcun ostacolo reale o osservabile al moto dell'acqua che schizza dal lume di un recipiente. Ascoltiamone la ragione da un Uomo illustre (che io nomino

per farmi onore della sua amicizia) il quale alla profondità delle più squisite cognizioni Matematiche accoppia tutto il brio e tutta la grazia della più vaga e più brillante letteratura. Il Sig. Kaestner[71] dice adunque così: *A cagione dell'aderenza delle particelle dell'acqua, secondo il parere di Gravesand, vengono ritenute le parti, che schizzano fuori, da quelle, da cui debbono separarsi; e quindi viene impedito il loro moto. Io dubito che questo impedimento sia da cfontarsi; avvegnaché nelle vicinanze del lume del vaso tutto si muove con velocità pressoché uguale. Se da un'arma si spara verticalmente in alto un tiro a due palle legate con filo di ferro, io non credo, che la palla d' avanti sarà obbligata a salire più lentamente per esser unita alla posteriore, che la segue con uguale velocità (g).* Questo giusto riflesso ci porta a pensare fondatamente, che l'effetto di questa Forza Ritardatrice non è punto da contemplarsi nella presente Quistione. E però inoltriamoci all'

9. *Esame della III Forza Ritardatrice.* Tre solenni Scrittori fanno menzione di questa terza Forza Ritardatrice, cioè il Signori Boslut, 's Gravedande, e Kaestner. Udiamo i loro ragionamenti per poter dar a quelli il giusto peso e valore. Il primo discorre così (*h*): Immaginiamo molte file parallele di ghlobetti che si tocchino, e siano spogliati di gravità. Concepiamo, che in un medesimo istante vengano lanciati da una forza costante secondo una data direzione. Concepiamo di più, che ciascheduno d'essi sperimenti l'azione d'una forza ritardatrice che agisce in una direzione contraria, ed è tale, che allorché quelli hanno scorso un certo spazio, la loro velocità iniziale è interamente estinta: Egli è evidente, che se allor quando la prima fila è arrivata al termine di detto spazio essa viene tutto in un colpo annientata per permettere alla fila seguente di prendere la medesima posizione, tutti i globetti (qualunque sia il numero delle file che si succedono) conserveranno tra loro l'istessa posizione, e la colonna formata dai globetti resterà cilindrica. Ma se le prime file non spariscono per lasciare il luogo libero alle seguenti, quello stesso spazio anzidetto di mano in mano si riempirà: allora i globetti, che partono di continuo dal comun punto di quiete, urtano quelli che sono sparsi sul loro cammino; Questi urti, che fannosi per la maggior parte obliquamente, obbligano la colonna ad allargarsi, e le fanno perdere una parte della sua velocità. Avviene appunto lo stesso in un Getto d'acqua. Le particelle che spicciano continuamente dal lume, e s'innalzano, sono ritardate dalla gravità; e siccome lo spazio compreso fra il lume e il punto ove finisce la loro velocità iniziale, è pieno di molecole, sono queste urtate e sospinte da quelle che succedono; la colonna si allarga necessariamente nello scostarsi dal lume, e perde per questa ragione una parte della sua velocità. Un tal ingegnoso discorso, che quest'Autore sembra voler estendere anche a' Getti un pocolino inclinati, non può aver luogo (non ne dispiaccia a quest'insigne Geometra) se non al più ne' Getti

---

[71] Abraham Gotthelf Kästner (Lipsia, 27 settembre 1719-Gottinga, 20 giugno 1800) è noto soprattutto per la propria opera didattico-manualistica ed enciclopedica. Nel 1756 diventò professore ordinario di filosofia naturale all'università di Gottinga e nel 1763, succedendo a Tobias Mayer, diventò anche direttore dell'osservatorio. Fu eletto Fellow of the Royal Society nel 1789.

esattamente verticali. In fatti ne' Getti comunque poco inclinati le prime file de' globetti dell'acqua appena giunte al termine della loro salita senza punto quivi arrestarsi ricadono per l'altro ramo parabilico sottraendosi successivamente all'incontro delle file susseguenti, e lasciando a queste di mano in mano libero il luogo per occupare la medesima posizione. Se adunque darassi al Getto una picciola inclinazione, si andrà al riparo di questo nuovo inconveniente. In ordine al Gravesande io recherò qui le sue parole medesime (*h*): *Celeritas* (dic'egli,) *qua Fluidum in altum ascendi, omnibus momentis minuitur, & Columna Fluidi prosilientis constat ex partibus celeri tate diversa motis; Columnæ ubique eiusdem crassitiei partes omnes necessario eadem celeritate moventur; prædicta Columna sit ergo latior, omnibus momentis, dum Fluidi Celeritas minuitur; cujus dilatationis causa est Impetus Fuidi insequentis, & sequitur ex Natura Fluidi Impressioni cuicumque cedentis, & facile omnes partes versus moti; ex hoc Impetu motus ubique retardatur.* Non si vede il modo di conciliare qui le contraddizioni: la colonna s'allarga secondo Gravesande perché viene via via scemando la velocità dell'acqua che sale, e poi causa di questa dilatazione è l'impeto delle parti susseguenti. Ma se causa di tale allargamento èla velocità diminuita, non sarà adunque l'impeto; e se questo, non quella. Meraviglia è poi come questo chiaro Scrittore espressamente dichiari, (*i*) che una tal Causa Ritardatrice non può correggersi per alcun modo. Finalmente il Signor Kaestner, senza farsene mallevadore, e citando lo stesso luogo di Gravesande si esprime così (*k*): «Perdendo le parti precedenti del Getto d'acqua ognora più della propria velocità, vengono raggiunte dalle seguenti, e respinte le une dalle altre, sì che il Getto diviene più largo, e per tale effetto è diminuito il movimento.» Ma come può mai pretendersi, che la sola successiva diminuzione della velocità nelle parti che salgono, prodotta dall'azione continua ed opposta dalla Gravità possa dar luogo alle parti susseguenti di spingere e urtare le antecedenti? Non è egli anzi evidente, che tutte conserveranno sempre la loro rispettiva posizione, essendo in tutte colla medesima successione indebolita e finalmente estinta la velocità? L'esempio delle due palle recato qui dianzi (§ 8.) dallo stesso Signor Kaestner non pone sotto gli occhi questa verità? Niun conto adunque dovrà tenersi di questa III. Forza Ritardatrice da' mentovati Scrittori allegata. Veniamo ora all'

10. *Esame della IV Forza Ritardatrice.* Se la colonna del Getto nel salire un cotal poco si allarga, siccome l'esperienza dimostra, e se quindi a formar viene un cono inverso troncato, la cui minor base è il lume del Getto, e la maggiore il termine della salita, ne verrà in conseguenza, che in ogni sezione orizzontale della colonna le particelle esteriori situate sulla circonferenza, nell'atto che la sezione si allarga, incontreranno una contrapressione orizzontale per parte dell'aria laterale e contigua; la quale estinguendo parte del movimento delle particelle medesime verrà ad infiacchire la loro velocità, e tale infiacchimento propagandosi per la contiguità delle parti fino al centro della sezione nascerà in tutti i punti di quella un ritardo proporzionato; dal che per ultimo risulterà un qualche picciolo abbassamento del Getto. Il lodato Jacopo Jurin (*l*) partendo da una sua

Proposizione, che nelle sezioni della vena d'acqua le parti più vicine al centro più velocemente si muovono, determina colla sua ordinaria penetrazione la velocità *relativa* delle particelle dell'aria circostanti alla vena del Fluido con questo o simil discorso: Qualunque particella d'acqua situata nel perimetro della sezione viene accelerata dalla particella interna contigua, e ritardata dalla particella prossima all'aria; ed allorché quella ha acquistato la giusta velocità, uguali esser debbono queste due forze contrarie, una delle quali accelera, e l'altra ritarda la particella. Il prodotto adunque della velocità relativa, e della densità della molecola acquea accelerante uguaglierà il prodotto della velocità relativa, e della densità della molecola aerea ritardante. Ma sta la densità dell'aria a quella dell'acqua come 1 : 900. Adunque la velocità relativa fra la molecola acquea e la prossima aerea starà alla velocità relativa fra le due prossime acquee come 900: 1. Ora la detta molecola aerea collocata in mezzo all'acquea mentovata, ed ad un'altra aerea dalla parte opposta viene ancor essa ritardata da questa, e accelerata da quella; e qui ancora dovendo essere uguali le due forze opposte, il prodotto della densità, e velocità relativa della molecola acquea accelerante sarà uguale al prodotto della velocità relativa, e della densità della molecola aerea ritardante: E però la velocità relativa fra queste due particelle d'aria starà alla velocità relativa fra la particella prima aerea e la prossima acquea come 900 : 1., e conseguentemente la stessa velocità relativa fra quelle due molecole d'aria starà alla velocità relativa fra le due prossime molecole d'acqua come 900.× 900 : 1, ovvero come 810000 : 1; e questa sì enorme velocità relativa si conserverà perpetuamente per tutta la grossezza dell'anello d'aria, che viene messo in moto dall'acqua. Noi qui ora osserviamo, che annesso pur anche un qualche picciolissimo influsso di questa Forza Ritardatrice nell'accorciare l'altezza del Getto, i Getti tuttavia non verticali, ma un tantino inclinati, ne' quali l'allargamento è tanto minore, saranno pressoché interamente esenti dall'azione di questa causa alterante. In fatti se attentamente si esamina la vera forma del Getto non verticale, non vi si scorge allargamento il qual meriti qualche riguardo, se non nel caso che la sua inclinazione sia tanto picciola per rapporto alla grossezza del Getto, che una parte dell'acqua che scende ricader debba su quella che sale; giacché non si pretenderà certamente di desumere la grandezza d'un tale allargamento dalle gocciole d'acqua, che anche ne' Getti orizzontali per la resistenza dell'aria si distaccano e sparpagliano, e non formano più corpo col Getto medesimo. Essendo pertanto di così poco momento ne' Getti non verticali l'ingrossamento proprio dello Zampillo, ognuno ben vede tostamente, che l'effetto di ciò sull'accorciamento del Getto in confronto delle altre Cause alteranti sarà tanto picciolo ed insensibile, che potrà a tutto rigore aversi per fisicamente nullo.

11. *Esame della V Forza Ritardatrice.* Quella colonna d'aria che gravita sul lume d'onde spiccia il zampillo, è tanto più lunga dell'altra colonna che preme sulla superficie dell'acqua del recipiente, quanta è l'altezza dell'acqua sopra il lume del vaso. Trovasi adunque tutta l'acqua rinserrata fra due colonne d'aria, di altezza, e però di forza ineguale. La prima colonna più alta preme l'acqua che sorte

dal lume con forza tanto maggiore di quella ond'è premuta la superficie dell'acqua della conserva quanto è più alta della seconda la prima colonna, e questa preponderanza di pressione equivaler dee al peso d'una colonna d'aria che dal foro si estenda fino al livello dell'acqua del conservatorio. Da questo sbilancio di pressione dee risultare un ritardo nell'acqua che spiccia dal lume, e quindi una diminuzione nell'altezza del getto. Per determinare adunque una tal diminuzione, basterà ritrovare l'altezza d'una colonna d'acqua, la quale pesi egualmente che la colonna d'aria dell'altezza della conserva. Ora sapendosi dall'Idrostatica, che le altezze dei Fluidi che si equilibrano sono in ragione reciproca delle loro specifiche gravità, sarà l'altezza della colonna d'acqua 900. volte minore di quella. Sarà dunque in ogni e qualunque Getto l'abbassamento prodotto da questa Forza Ritardatrice $\frac{1}{900}$ del totale; e però non potrà esser sensibile se non se nelle altezze assai grandi, talmente che in una conserva di 100. piedi di altezza l'abbassamento non sarà che 1. pollice e 4. linee. Di qui è pur manifesto, che *gli abbassamenti prodotti da questa Cagione Perturbatrice seguitano la ragione delle altezze dell'acqua de' recipienti*. Ma in questo discorso noi abbiamo tacitamente supposto, che la colonna d'aria che dal lume si estende fino al livello dell'acqua della conserva sia in tutto omogenea e di densità sempre uniforme; la qual ipotesi, qualora l'altezza è considerabile, in tutto rigore non si verifica. Sappiamo in fatti dall'Aerometria, che andando dalla superficie terrestre all'insù, mentre crescono in progressione aritmetica le altezze de' luoghi, diminuiscono in progressione geometrica le densità degli strati aerei, nella ragione a un dipresso de' pesi onde vengono superiormente compressi. Ora pr calcolare anche in questa ipotesi rigorosa l'effetto di questa Forza, sarà d'uopo ricorrere al barometro, nel quale abbassandosi il mercurio nel salire a luoghi più eminenti, sarà sempre agevole il ritrovare da tale abbassamento il peso della colonna d'aria frapposta ai due luoghi nello stato della sua variabile densità. Per tanto si è dimostrato nel Libro delle Altezze Barometriche (*m*), che se l'altezza del mercurio nel Barometro in un dato luogo si fa = *a*, l'elevazione verticale d'un altro luogo sopra del primo = *h*, il rapporto della densità dell'aria nel primo luogo alla densità del mercurio = *f*, il numero, che ha per logaritmo iperbolico l'unità, = *e*, si ritroverà sempre l'abbassamento del mercurio nel secondo luogo

$$= a \left(1 - e^{-\frac{fh}{a}} \right).$$

Rivolgendo in serie per le regole del Calcolo esponenziale l'espressione trascendente $e^{-\frac{fh}{a}}$, si raccoglie

$$e^{-\frac{fh}{a}} = 1 - \frac{fh}{a} + \frac{f^2 h^2}{2a^2} - \frac{f^3 h^3}{6a^3} + \frac{f^4 h^4}{24a^4} - \frac{f^5 h^5}{120 \, a^5} + ec.;$$

e mercé la debita sostituzione si ottiene

$$a \left(1 - e^{-\frac{fh}{a}}\right) = fh - \frac{f^2 h^2}{2a} + \frac{f^3 h^3}{6a^2} - \frac{f^4 h^4}{24a^3} + ec.;$$

la qual serie convergentissima essendo f una piccolissima frazione, ed h un'altezza non eccessivamente grande, rappresenta colla maggiore approssimazione la depressione del mercurio che si addimanda. Per determinare ora la diminuzione dell'altezza del getto non altro ricercasi che di determinare l'altezza d'una colonnetta d'acqua equiponderante alla colonnetta di mercurio che ha per altezza l'abbassamento dianzi ritrovato; e però basta a tal uopo moltiplicare ciascun termine della serie pel numero k che esprime il rapporto della densità del mercurio a quella dell'acqua. Sarà adunque l'abbassamento del Getto, prodotto da questa Cagione Ritardatrice, espresso dalla serie seguente

$$fkh - \frac{kf^2 h^2}{2a} + \frac{kf^3 h^3}{6a^2} - \frac{kf^4 h^4}{24a^3} + ec.,$$

nella quale essendo f una picciolissima frazione possono con sicurezza negligersi le di lei potenze maggiori del quadrato; dal che finalmente si deduce lo scorciamento dell'altezza del Getto

$$= kfh \left(1 - \frac{fh}{2a}\right).$$

E quindi rendersi manifesta la legge, con cui opera questa nuova Causa alterante; vale a dire *anche nell'ipotesi più rigorosa della densità dell'aria variabile per tutta l'altezza dell'acqua della conserva le diminuzioni delle elevazioni de' Getti seguitano assai prossimamente la ragione delle altezze de' recipienti*. Possiamo innoltre osservare, e dalla precedente formola inferire, che la maggiore o minore energia di quella Forza Perturbatrice dipende dallo stato attuale dell'atmosfera; poiché a cielo asciutto e sereno, quando l'altezza a del barometro è grande, maggiore sarà l'abbassamento del Getto, e minore per l'opposto a cielo torbido e nuvoloso, allorché il Mercurio discende: ed in fatti essendo nel primo caso l'aria più pesante che non è nel secondo, contrasterà con maggior vigore il passo al zampillo, e terrallo più basso. La costituzione dunque dell'atmosfera concorre e rendere più, o meno attiva questa V: Forza Ritardatrice, la di cui azione però, come si è veduto, è talmente picciola nelle altezze almeno non smisurate de' recipienti, che si può con sicurezza pressoché interamente trascurarla nella presente disamina. Ma innoltriamoci ormai all'analisi della VI. Forza Ritardatrice, la prima di tutte per la sua intensità e vigore, e che sola può quasi bastare a render ragione della massima parte degli accidenti, che accompagnano il Fenomeno.

12. *Esame della VI Forza Ritardatrice*. Eccoci finalmente alla disamina di quella Causa Ritardante, la quale essendo di tutte la più forte e la dominante esige in conseguenza tutta l'attenzione per calcolarne con accuratezza l'intensità, e scandagliarne gli effetti. È argomento di non picciola meraviglia il vedere, che tutti que' primi Scrittori che dopo il Galileo la Scienza de' Projetti o la Balistica coltivarono, e tra questi lo stesso secondo Newton dell'Inghilterra, il grande Halley, (*n*), abbiano riputata indiscernibile e di niuno effetto la resistenza dell'aria al moto delle bombe, e delle palle di cannone. Sedotti da un comune pregiudizio che una tal resistenza non fosse sensibile se non al più ne' corpi molto leggeri, e ne' moti assai lenti dichiararonla interamente inoperosa ne' corpi pesanti, e ne' rapidi movimenti. Per convincersi dell'assurdità d'un tal pregiudizio basta dare un'occhiata al Libro citato di Robins, alle Annotazioni del Signor Euler, alle Dissertazioni dell'eminenete Geometra Signor Daniello Bernoulli nel secondo, e terzo tomo de' Commentari di Pietrobugo, e all'eccellente Memoria del Signor Sulzer *Sopra la Resistenza che soffre una palla di fucile passando per l'aria*, inserita negli Atti dell'Accademia di Berlino per l'anno 1755. Volendo per tanto determinare con esattezza la precisa influenza di questa Causa vigorosa e possente sull'abbassamento de' Getti quasi verticali d'acqua, avuti presenti i noti principj di Meccanica, io discorro così: La vena d'acqua che sorte dal lume in una direzione verticale deve aprirsi il cammino attraverso una massa d'acqua che occupa il sentiero del Getto, il quale non può vincerne la resistenza e il contrasto senza fenderla, separarla, romperne l'orditura, e con replicate spinte per tutta la lunghezza del cammino rimuoverne e scostarne le parti. Ma questo contrasto non può accadere senza una perdita considerabile di moto e velocità nella vena, e in conseguenza senza un notabile abbreviamento nell'altezza del Getto. Trattasi dunque presentemente di ritrovare un tal abbreviamento, fissarne le Leggi, e stabilire i Canoni, che ne regolino la misura, i limiti, le condizioni, e i rapporti. La vena d'acqua che scagliasi dal lume con una velocità corrispondente all'altezza del recipiente va ad investire l'aria, che si oppone al suo passaggio, colla superficie anteriore eguale all'area circolare del lume. Posto il diametro di questa = b; il rapporto della densità dell'aria a quella dell'acqua = f; n = numero, che può essere l'unità, o il binario (il che non altera punto, come vedremo, i risultati delle nostre analogie); r = resistenza variabile, che oppone l'aria a quel piano circolare; 1 = gravità acceleratrice; la Dottrina della Resistenza de' Mezzi c'insegna, che allora diviene $r = 1$, quando la velocità di quel piano è uguale a quella che viene generata dalla caduta di un grave nel vuoto per un'altezza = $\frac{n\,b}{f}$ (*o*) . Supponghisi ora che la base anteriore della Vena sia giunta all'altezza indeterminata = x, nel tempo = t, colla velocità = v: Due sono le forze che cospirano a distruggere una tale velocità, la Gravità, e la Resistenza, vale a dire $1 + r$ (*p*). Moltiplicando adunque, per li Principj Meccanici, la somma di queste Forze per l'elemento del tempo si avrà un prodotto eguale all'estinto elemento della velocità, che è quanto dire $(1 + r)\,dt = -dv$; e siccome in un tempuscolo infinitesimo il moto non varia, e

però la legge del moto equabile dà $v = \frac{dx}{dt}$, ovvero $dt = \frac{dx}{v}$, se ne inferirà $(1 + r)\mathrm{dx} = - \mathrm{v}\ \mathrm{dv}$. Se ora tale è la Legge della Resistenza, che essa seguiti assai prossimamente la ragione duplicata della velocità, siccome ne' mezzi della natura dell'aria dopo il Newton hanno dimostrato i più celebri Fisico-Matematici, e Sperimentatori; e se per la natura del moto equabilmente accelerato il doppio dell'altezza generatrice della velocità, moltiplicato per la gravità accelerante è uguale al quadrato della velocità generata; ne verrà in conseguenza l'analogia

$$\frac{2n\,b}{f} : v^2 :: 1 : r\,.$$

Surrogato il valore di $r = \frac{f\,v^2}{2nb}$ nell'equazione precedente, nascerà $\left(1 + \frac{f\,v^2}{2nb}\right) dx = -v\,dv$, ovvero

$$dx = -\frac{2nbv\,dv}{f\left(\frac{2n\,b}{f} + v^2\right)}.$$

Integrata a dovere questa formula se ne ricava

$$x = -\frac{nb}{f}\ log\left(\frac{2n\,b}{f} + v^2\right) + Cost.$$

Per trovare il valore della Costante è d'uopo avvertire, che quando $x = 0$, cioè nel primo istante della salita del Getto la velocità v è quella, con cui l'acqua sorte dal lume, ovvero quella che ha per altezza generatrice l'elevazione dell'acqua del recipiente sopra il lume, la qual elevazione chiamata a, diventa quindi in tal supposto $v^2 = 2a$. Sarà perciò la Costante $= \frac{nb}{f}\ log\left(\frac{2n\,b}{f} + 2a\right)$; e conseguentemente otterrassi

$$x = \frac{nb}{f}\ log\frac{\frac{2n\,b}{f} + 2a}{\frac{2n\,b}{f} + v^2}.$$

Da questa espressione si dedurrà finalmente l'altezza totale del getto, se si porrà $v = 0$, essendo evidente che il getto seguita a salire fintantoché sia interamente estinta e distrutta la sua iniziale velocità. Adunque l'elevazione totale del Getto, ovvero x sarà

$$= \frac{nb}{f} \, log \frac{\frac{2n\,b}{f} + 2a}{\frac{2n\,b}{f}} = \frac{nb}{f} \, log \left(1 + \frac{fa}{nb}\right);$$

e quindi la diminuzione dell'altezza dello zampillo cagionata dalla resistenza dell'aria verrà rappresentata da questa espressione

$$a - \frac{nb}{f} \, log \left(1 + \frac{fa}{nb}\right);$$

e questa appunto svolta e destramente maneggiata ci scoprirà le leggi, i limiti, e i rapporti delle diminuzioni prodotte dalla resistenza dell'aria ne' Getti prossimamente verticali dell'acqua. Io osservo pertanto che il logaritmo iperbolico del binomio $1 + \frac{fa}{nb}$, trasformato a dovere nella sua serie somministra

$$\frac{fa}{nb} - \frac{f^2 a^2}{2n^2 b^2} + \frac{f^3 a^3}{3n^3 b^3} - \frac{f^4 a^4}{4n^4 b^4} + \frac{f^5 a^5}{5n^5 b^5} - \&c.$$

la qual serie, essendo f una piccolissima frazione, nelle altezze mediocri de' Conservatorj, e qualora i lumi non sieno estremamente piccioli (il che produrrebbe altri inconvenienti) scopresi sempre assai convergente, e però opportuna all'intento. Fatta la sostituzione si questa serie nell'espressione logaritmica trovasi

$$\frac{nb}{f} \, log \left(1 + \frac{fa}{nb}\right) = a - \frac{fa^2}{2nb} + \frac{f^2 a^3}{3n^2 b^2} - \frac{f^3 a^4}{4n^3 b^3} + \frac{f^4 a^5}{5n^4 b^4} - \&c.$$

Di qui si ottiene la diminuzione dell'altezza del getto, ovvero

$$D = a - \frac{nb}{f} \, log \left(1 + \frac{fa}{nb}\right) = \frac{fa^2}{2nb} - \frac{f^2 a^3}{3n^2 b^2} + \frac{f^3 a^4}{4n^3 b^3} - \frac{f^4 a^5}{5n^4 b^4} + \&c.$$

Considerando con attenzione la natura, e l'andamento di una tal serie, facilmente si scorge, che ne' casi dianzi indicati tutti i termini dopo il primo a motivo delle potenze di f diventano tanto piccioli, che possono con sicurezza trascurarsi; ond'è, che il solo primo termine

$$\frac{fa^2}{2nb}$$

esprimerà la quantità dell'abbassamento del Getto tanto davvicino quanto in simili casi può mai ragionevolmente aspettarsi (q).

13. Il primo Canone, che dalla Formola

$$D = \frac{fa^2}{2nb}$$

immediatamente si raccoglie, è il bellissimo Teorema di Mariotte (*qq*), che *le diminuzioni delle Altezze dei Getti seguitano la ragione duplicata delle Altezze de' Conservatorj, ovvero anche de' Getti medesimi*, giacché sì queste che quelle per la picciola differenza possono aversi per eguali. Di questa importantissima Verità suggerita a Mariotte dall'esperienza si studia egli di darne una dimostrazione dedotta dalla Geometria Elementare: ma una tale dimostrazione non solamente è difettosa e imperfetta, ma è innoltre visibilmente paralogistica, siccome scorgerà di leggieri chiunque si porrà ad esaminarla. La Geometria che poteva impiegare il Mariotte, era troppo poco elevata (*r*) per poter arrivare alla dimostrazione di quel Teorema. Il Signor Kaestner, che mi suggerisce questo riflesso, apertamente dichiara, che *gli argomenti di Mariotte sono tutt'altro che convincenti, e chi ha solamente una qualche cognizione della Teoria della Resistenza, facilmente s'avvede, che l'invenzione d'una tal regola* (cioè del Teorema precedente) *esige delle cognizioni, delle quali sapevasi ancora troppo poco a' tempi di Mariotte* (*s*). Ma pure chi crederebbe? Fra i moltissimi Scrittori Idraulici da me veduti, i quali pur riconoscono e commendano l'utilità, e l'importanza di questo Teorema, e alcuni de' quali dietro a questo calcolano amplissime Tavole delle altezze de' getti per tutte le elevazioni de' Conservatorj (*t*), niuno ha mai voluto tentare di darne la dimostrazione, e neppure que' medesimi, che dichiarano insufficiente e illusoria la dimostrazione di Mariotte. Il solo Jacopo Jurin dal Problema XI. del suo Saggio sopra citato ne inferisce per corollario: *Defectus altitudinum aquarum salientium, ubi paria sunt foramina, sunt fere in ratione duplicata altitudinum vasorum, quæ est ipsa Mariotti regula.* Ma chi può contare su questa Dimostrazione di Jurin, se quel suo Problema è tutto appoggiato all'ipotesi della Cataratta Newtoniana, e al calcolo della resistenza, che nasce nelle parti di questa Cataratta per preteso difetto di lubricità? Nulla diremo poi della ragione, che pretende di dare di questo Teorema in due sole parole il Desaguliers (*u*), poiché è anzi una sconcia fallacia che una ragione degna della penetrazione e del sapere di questo celebre Scrittore. *L'aria*, egli dice, *resiste a proporzione del quadrato della velocità colla quale è colpita dal getto d'acqua: così supposto che un Getto di cinque piedi di elevazione abbia perduto un pollice di altezza venendo da un Conservatorio alto cinque piedi ed un pollice, un altro Getto che viene da un Conservatorio di dieci piedi e quattro pollici non si solleverà se non se a dieci piedi, e perderà quattro pollici di altezza, perciocché urtando l'aria con una doppia velocità soffre questo una resistenza che è come il quadrato di questa velocità, vale a dire grande quattro volte tanto.* Chi non s'avvede della fallacia d'un tal discorso? La velocità del secondo Getto non è punto doppia rispetto alla velocità del primo, poiché quella sta a questa come la radice del binario dell'unità, essendo principio notissimo che le velocità sono come le radici quadrate delle altezze: Ond'è, che se il modo d'inferire di Desaguliers fosse giusto, il secondo Getto dovrebbe perdere due soli pollici di altezza, siccome due sole volte più grande è il quadrato della sua velocità.

14. Tornando ora alla nostra formula $D = \frac{fa^2}{2nb}$, egli è manifesto, che se, supposto lo stesso lume l'altezza d'un altro conservatorio chiamasi a', la diminuzione dell'altezza del Getto D', si ritrova $D' = \frac{fa'^2}{2nb}$, e quindi ottiensi l'analogia

$$D : D' :: \frac{fa^2}{2nb} : \frac{fa'^2}{2nb} :: a^2 : a'^2,$$

che è quanto dire, che *né Conservatorj di lume eguale gli abbassamenti de' Getti sono come i quadrati delle altezze de' Conservatorj*; che è appunto il Canone sopraccennato di Mariotte.

15. Che se uguali suppongonsi le altezze de' Conservatorj, ed ineguali i lumi b, b', presentasi allora l'analogia

$$D : D' :: \frac{fa^2}{2nb} : \frac{fa^2}{2nb'} :: \frac{1}{b} : \frac{1}{b'} :: b' : b;$$

cioè *ne' Conservatorj della medesima elevazione le diminuzioni delle altezze dei Getti sono reciprocamente come i diametri dei lumi.*

16. Posti finalmente ineguali così i lumi, come le altezze dei Vasi, deducesi l'analogia

$$D : D' :: \frac{fa^2}{2nb} : \frac{fa'^2}{2nb} :: \frac{a^2}{b} : \frac{a'^2}{b} :: a^2 b' : a'^2 b ;$$

vale a dire *ne' Vasi di altezze e lumi ineguali le diminuzioni delle altezze de' Getti sono in ragione composta dei quadrati delle altezze direttamente, e dei diametri dei lumi reciprocamente.*

17. Dal fin qui detto si scorge con quanta facilità si troverà sempre l'altezza del Getto d'acqua, cui diremo h, data l'altezza del recipiente, e il diametro del lume; imperciocché si avrà sempre (§. 12.)

$$h = a - \frac{fa^2}{2nb} .$$

Che se all'opposto data l'altezza del Getto, e il diametro del lume volesse ritrovarsi l'elevazione del recipiente, il Problema sarebbe di secondo grado. In fatti chiamando x questa elevazione, ne risulta

$$h = x - \frac{fx^2}{2nb} \; ;$$

equazione quadratica, la quale ridotta alla debita forma diventa

$$x^2 - \frac{2nbx}{f} + \frac{2nbh}{f} = \; ;$$

e questa risoluta secondo le regole conosciute dà

$$x = \frac{nb \pm \sqrt{n^2b^2 - 2nfbh}}{f}$$

pel valore cercato dell'altezza del recipiente. Questa medesima può eziandio con non minor prontezza ritrovarsi supponendo nota in un altro recipiente di egual lume l'elevazione del *Getto* = h', e la sua propria = a'. Si avrà in fatti (§ 14.)

$$a'^2 : x^2 :: (a' - h') : (x - h),$$

e quindi

$$a'^2 x - a'^2 h = a'x^2 - h'x^2,$$

donde risulta lì equazione quadratica

$$x^2 - \frac{a'^2 x}{a' - h'} + \frac{a'^2 h}{a' - h'} =$$

dalla quale mediante l'estrazione della radice si raccoglie

$$x = \frac{a'^2 \pm \sqrt{a'^4 - 4a'^3 h + 4a'^2 h' h}}{2a' - 2h'} .$$

Determinate queste leggi, che racchiudono, siccome vedremo, i fondamenti principali della soluzione del Problema, è ora espediente d'intraprendere l'

18. *Esame della VII Forza Ritardatrice.* Per quanto lisce e polite si rendano coll'arte le superficie di due corpi che si muovono l'uno sopra dell'altro, non si può però mai supporre come interamente tolta, o solo anche come insensibile quella sorta di resistenza al moto, la quale dipende dall'attrito o sfregamento delle parti che vengono successivamente al reciproco contatto. Sia che le picciole eminenze della superficie di un corpo inserite e quasi incastrate nelle cavità della superficie dell'altro vengano assolutamente rotte e schiantate nel progressivo movimento; sia che nell'atto di dover sortire e liberarsi dalle rispettive cavità vengano soltanto torte e piegate; nell'uno o nell'altro modo dee necessariamente

risultarne una perdita di movimento più o meno considerabile secondo la natura delle circostanze. Sembrano oggimai d'accordo i più celebri Fisici, e Sperimentatori, che il principal elemento da considerarsi nel calcolo della resistenza originata dall'Attrito è la Pressione con cui un corpo gravita sulla superficie dell'altro, volendo alcuni, che l'Attrito sia un terzo della Pressione, altri un quarto, poco più poco meno. Si determina mediante un Piano Inclinato la quantità dell'Attrito, ovvero il rapporto di quello alla Pressione: imperciocché se si colloca un corpo sopra d'un piano, il quale si va successivamente innalzando dal suo sito orizzontale fintantoché si arrivi a quel preciso grado d'inclinazione che il corpo sia sul punto di discendere, la tangente d'un tal *angolo d'equilibrio* esprime appunto il rapporto dell'Attrito alla Pressione. Ed in fatti chiamando Ω l'angolo d'equilibrio, M la massa, o peso del corpo, e risolvendo l'assoluta sua gravità in due forze, una perpendicolare al Piano, l'altra parallela, trovasi quella $= M \cos. \Omega$, questa $= M \sin. \Omega$; delle quali la seconda è la forza che sollecita il corpo alla discesa per il Piano Inclinato, la prima è la Pressione del corpo contro il Piano. E siccome per l'ipotesi sotto l'inclinazione Ω quella seconda forza si equilibra appunto coll'Attrito; perciò starà l'Attrito alla Pressione come $M \sin. \Omega$ sta a $M \cos. \Omega$, ovvero come $\sin. \Omega : \cos. \Omega$, oppur finalmente come $tang. \Omega : 1$.

19. Ma ciò che più importa di sapere, è il rapporto dell'Attrito alla Pressione in tutti que' casi, in cui il corpo attualmente si muove. Basta a tal uopo sollevare il paino inclinato un poco al di là dell'angolo d'equilibrio così che Δ sia il di più dell'inclinazione, ovvero l'angolo del moto, e $\Omega + \Delta$ l'inclinazione totale all'orizzonte. In questo supposto tolto l'equilibrio fra le due forze di Attrito, e Pressione il corpo discende attualmente lungo il Piano: e per un ragionamento simile al precedente si ritrova la Gravità sollecitatrice del corpo lungo il piano $= M \sin. (\Omega + \Delta)$, e la Forza Premente il Piano $M \cos. (\Omega + \Delta)$. Supposto ora l'Attrito alla Pressione come $r : 1$, si troverà il valore di r nella maniera seguente. Suppongasi, che il corpo sdrucciolando sul Piano abbia descritto lo spazio s nel tempo t, ed abbia quindi la velocità v. Si ha la Forza Motrice del corpo lungo il Piano con sottrarre la Forza dell'Attrito $rM \cos. (\Omega + \Delta)$ dalla Forza sollecitate della Gravità $M \sin. (\Omega + \Delta)$; e per le Dottrine Meccaniche il prodotto della Forza Motrice nel tempuscolo infinitesimo uguagliar dee il prodotto della Massa del corpo nell'elemento della velocità generata, ovvero

$$M[\sin. (\Omega + \Delta) - r\cos. (\Omega + \Delta)] \, dt = M \, dv,$$

e per essere $dt = \frac{ds}{v}$, nascerà

$$ds \, [\sin. (\Omega + \Delta) - r\cos. (\Omega + \Delta)] = v \, dv,$$

ed integrando

$$v^2 = 2s \left[sin.(\Omega + \Delta) - r cos.(\Omega + \Delta) \right],$$

ed

$$v = \sqrt{2s[sin.(\Omega + \Delta) - r cos.(\Omega + \Delta)]} \ ,$$

e però

$$dt = \frac{ds}{v} = \frac{ds}{\sqrt{2s[sin.(\Omega + \Delta) - r cos.(\Omega + \Delta)]}},$$

e integrando

$$t = \frac{\sqrt{2s}}{\sqrt{[sin.(\Omega + \Delta) - r cos.(\Omega + \Delta)]}}:$$

donde finalmente si deduce

$$r = \frac{t^2 sin.(\Omega + \Delta) - 2s}{t^2 cos.(\Omega + \Delta)} = tang.(\Omega + \Delta) - \frac{2s}{t^2 cos.(\Omega + \Delta)};$$

dal che è manifesto, che conosciuto l'angolo d'*equilibrio*, e quello del *moto*, la lunghezza del Piano, e il tempo impiegato nella discesa, cose tutte che l'osservazione dee farci conoscere, se ne inferirà sempre con facilissimo computo il rapporto dell'Attrito alla Forza Premente anche nel caso del movimento attuale de' corpi (x).

20. Stabilite queste genuine nozioni intorno alla frizione de' corpi allo scopo nostro opportune ed acconce, conviene ora esaminare quella Frizione che esercitano le particelle dell'acqua nello strisciarsi sui lati del Recipiente, e del Tubo di condotta annesso al Conservatorio, per la qual Frizione viene notabilmente ritardato il loro movimento, e quindi tolta al zampillo la forza di giugnere all'altezza del Recipiente. Se bastasse il dire, che una tal Frizione esser deve tanto maggiore quanto maggiore è il cammino che fa l'acqua nel Tubo, e quanto maggiore è l'angustia del Tubo medesimo, delle quali cose l'una e l'altra è per se stessa evidente, l'esame di questa Forza Ritardatrice sarebbe finito in due parole. Ma con ragioni così vaghe, e indeterminate si sarebbe poi soddisfatto al Programma Accademico? E un Fisico-Matematico potrebbe restarne appagato? E finalmente è egli questo il linguaggio di quella Scienza che si propone di tutto misurare e calcolare, ed ha per divisa la precisione e la verità? È dunque assolutamente necessario d'investigar la misura di questa Forza, per ritrovare la legge secondo la quale opera nel caso presente, e per segnare i confini, dentro i

quali restringesi la sua attività per riguardo ai Getti verticali d'acqua. Pongasi per tanto, che l'acqua scorra lungo il Tubo (Fig. I.) *FGPQ*; ed essendo tutti gli elementi della superficie interna del Tubo premuti dall'acqua che passa, si concepisca una tal pressione eguale a quella che soffrirebbero da un cilindro d'acqua d'un'altezza = *h*. se nell'elemento *VTtu* della superficie interiore si fa = *p* il perimetro della sezione, e l'altezza *Tt* dell'elemento si nomina *ds*, sarà la superficie *TVtu* = *p ds* , e conseguentemente la pressione sofferta da questa superficie verrà rappresentata dal peso d'un volume d'acqua = *h p ds* .

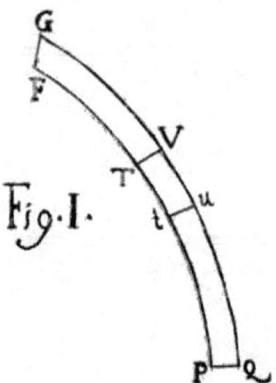

Fig. I.

Ma l'attrito (§. 18. 19.) ha un rapporto costante alla pressione, il qual rapporto nel caso dell'acqua che scorre esser dee molto picciolo a motivo della somma lubricità delle parti; nominando adunque *θ* un tal rapporto, si troverà *θ h p ds* per la quantità dell'Attrito nell'elemento *TVt u*. Dicasi *z* il diametro della sezione circolare *TV*, e *π* il rapporto della circonferenza del cerchio al diametro, e però $p = \pi z$, e l'area circolare $TV = \frac{1}{4} \pi z^2$, e l'elemento solido dell'acqua contenuto in $TVtu = \frac{1}{4} \pi z^2 \, ds$, il qual elemento incontra nel suo moto una resistenza = $\pi \theta h z \, ds$; e se questa resistenza si divide per la massa dell'elemento il quoziente

$$\frac{4 \, \theta \, h}{z}$$

esprime, come è noto dalla Meccanica, la Forza Ritardante.

21. In questa espressione il valore della quantità *h* dà a divedere, che il fondamento della presente ricerca consiste nel ben determinare la pressione esercitata dall'acqua contro i lati del tubo; ma siccome una tal pressione dipende dalla velocità con cui l'acqua si muove, e questa velocità viene alterata, e diminuita dall'Attrito, trovasi quindi involto l'Attrito nelle quantità medesime, che servir debbono a farlo conoscere; imperciocché l'Attrito dipende dalla Pressione, la Pressione dalla Velocità, e la Velocità dall'Attrito. Ma l'Algebra viene al riparo di questa specie di petizione di principio mediante l'invenzione del valore delle quantità incognite comunque inviluppate e confuse colle altre note quantità.

22. Sia per tanto il Vaso *AOPE* (Fig. II) mantenuto costantemente pieno d'acqua, il quale termini nel Tubo *OPFG* piegato in qualunque forma, ma di sezioni *RN*, *r n* &c. circolari, pel di cui orifizio *F G* spiccia l'acqua con una velocità, che sarebbe *dovuta* all'altezza *F M* del recipiente sopra il foro, se l'Attrito non ne estinguesse una parte; talmente che a niente altro riducesi la presente questione se non se a determinare di quanto farassi minore per ragione dell'Attrito l'altezza *F M* generatrice della velocità primitiva.

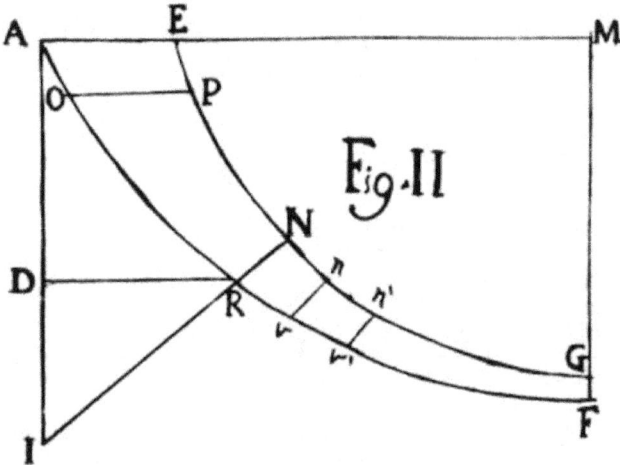

Dicasi m il diametro dell'orifizio circolare *F G*, e però $\frac{1}{4} \pi m^2$ l'area dell'orifizio, a l'altezza *F M* dell'acqua sopra esso, c l'altezza generatrice della velocità colla quale sorte l'acqua dall'orifizio ritardata dall'Attrito. Per ritrovare una tale altezza c, io procedo così: Abbassata dall'orlo superiore del Vaso la verticale *A I*, riferiscasi qualunque punto R del Tubo alle coordinate ortogonali $AD = x$, $DR = y$, e posto $= z$ il diametro della sezione *RN*, e quindi $= \frac{1}{4} \pi z^2$ l'area di quella, si troverà la velocità dell'acqua per la stessa sezione $= \frac{m^2\sqrt{c}}{z^2}$ pel noto principio che le velocità sono reciproche alle sezioni. L'elemento del tempo dt, in cui l'acqua da *RN* passa nella sezione infinitamente vicina *rn*, e muovesi per lo spazietto $Rr = ds$ colla velocità $\frac{m^2\sqrt{c}}{z^2}$, essendo uguale allo spazio diviso per la velocità, nasce $dt = \frac{z^2 \, ds}{m^2\sqrt{c}}$: posto poi $= \theta$ l'angolo d'inclinazione dell'elemento *Rr* alla direzione verticale, risulta $dx = ds \cos.\theta$, e $dy = ds \sin.\theta$. Se ora la forza acceleratrice che ha l'acqua contenuta nella sezione *Rr* si risolve in due altre, una verticale secondo *AD*, l'altra orizzontale secondo l'ordinata *DR*, il noto Principio delle Forze Acceleratrici somministra quelle due equazioni,

$$Forza \; secondo \; AD = \frac{2 \, ddx}{dt^2},$$

71

$$Forza\ secondo\ DR = \frac{2\,ddy}{dt^2},$$

supposto costante dt. Essendo poi

$$\frac{dx}{dt} = \frac{m^2 cos.\,\theta \cdot \sqrt{c}}{z^2},$$

$$\frac{dy}{dt} = \frac{m^2 sin.\,\theta \cdot \sqrt{c}}{z^2},$$

si ricava mediante la differenziazione

$$\frac{ddx}{dt} = -\frac{m^2 d\,sin.\,\theta \cdot \sqrt{c}}{z^2} - \frac{2m^2 cos.\,\theta \cdot dz\,\sqrt{c}}{z^3},$$

e

$$\frac{ddy}{dt} = \frac{m^2 d\,cos.\,\theta \cdot \sqrt{c}}{z^2} - \frac{2m^2 sin.\,\theta \cdot dz\,\sqrt{c}}{z^3};$$

e quindi

$$\frac{2ddx}{dt^2} = -\frac{2m^4 c\,dz\,sin.\,\theta}{z^4 ds} - \frac{4m^4\,c\,dz\,cos.\,\theta}{z^5\,ds},$$

e

$$\frac{2ddy}{dt^2} = \frac{2m^4 c\,dz\,cos.\,\theta}{z^4\,ds} - \frac{4m^4 c\,dz\,sin.\,\theta}{z^5\,ds},$$

cioè

$$Forza\ sec.\,AD = m^4 c\left(-\frac{2\,d\,c\,sin.\,\theta}{z^4\,ds} + \frac{4\,d\,z\,cos.\,\theta}{z^5\,ds}\right)$$

$$Forza\ sec.\,DR = m^4 c\left(\frac{2\,d\,c\,cos.\,\theta}{z^4\,ds} - \frac{4\,d\,z\,sin.\,\theta}{z^5\,ds}\right).$$

Facciasi la risoluzione delle due Forze normali secondo AD, e secondo DR in altre equivalenti secondo le sue normali Rr, ed RI, e si conseguirà

$$Forza\ sec.\,Rr = Forza\ sec.\,AD \cdot cos.\,\theta + Forza\ sec.\,DR \cdot sin.\,\theta$$
$$= -\frac{4m^4 c\,dz}{z^5\,ds};$$

e però tutta la Forza, che sollecita l'acqua secondo la direzione Rr è rappresentata dall'espressione

$$-\frac{4m^4 c\,dz}{z^5\,ds}.$$

Ma tre sono le Forze, all'azione delle quali l'acqua è sottoposta nell'atto che scorre pel canale $OFGP$, cioè la Forza di Gravità, la Forza di Pressione, e la Forza d'Attrito. Adunque l'azione totale di queste tre Forze nella direzione Rr sarà

$$= -\frac{4m^4c\ dz}{z^5\ ds}.$$

Ora esprimendo coll'unità la Forza di Gravità, risulta da questa una forza acceleratrice secondo $Rr = cos.\theta$. Quanto all'altra Forza di Pressione è da osservarsi, che venendo questa per l'elemento d'acqua $RNrn$ rappresentata dall'altezza h, e però equivalendo al peso d'un volume d'acqua $= \frac{1}{4}h\pi z^2$, per l'elemento contiguo $rnr'n'$ (preso $rr' = Rr$) verrà rappresentata dall'altezza $h + dh$, e perciò equivalerà al peso d'un volume d'acqua $= \frac{1}{4}\pi z^2(h + dh)$, e con questa forza appunto l'elemento d'acqua $rnr'n'$ contrapremerà l'elemento $RNrn$, dovendo l'acqua per la sua incompressibilità resistere alla forza onde viene premuta; e di qui risulterà nell'elemento $RNrn$ una Forza secondo la direzione Rr

$$= \frac{1}{4}h\pi z^2 - \frac{1}{4}\pi z^2(h + dh) = -\frac{1}{4}\pi z^2 dh,$$

la quale divisa per la massa $\frac{1}{4}\pi z^2 ds$ dell'elemento dà $-\frac{dh}{ds}$ per l'espressione della Forza Acceleratrice secondo Rr risultante dalla Forza di Pressione dell'acqua. Finalmente la Forza dell'Attrito, ritardatrice del movimento dell'acqua secondo Rr si è trovata (§. antec.)

$$= -\frac{4\,\theta\,h}{z} = -\frac{\Lambda h}{z}$$

posto $\Lambda = 4\,\theta$. Adunque la Forza totale secondo Rr, vale a dire $-\frac{4m^4c\ dz}{z^5\ ds}$ sarà uguale alla somma delle tre Forze ora ritrovate, e perciò si otterrà l'equazione

$$-\frac{4m^4c\ dz}{z^5\ ds} = cos.\theta - \frac{dh}{ds} - \frac{\Lambda\,h}{z},$$

ovvero

$$\frac{4m^4c\ dz}{z^5} + ds\ cos.\theta - dh - \frac{\Lambda\lambda\,h\ ds}{z} = 0,$$

la quale per essere $ds\ cos.\theta = dx$, si cangia in quest'altra

$$\frac{4m^4 c\, dz}{z^5} + dx - dh - \frac{\Lambda\, h\, ds}{z} = 0.$$

23. Per ricavare da questa equazione il valore di c, che si cerca, conviene prima di tutto trovare il modo di ridurla ad integrazione. A tal effetto io la moltiplico per la quantità trascendente

$$E^{\Lambda \int \frac{ds}{z}},$$

preso per E il numero, che ha per logaritmo iperbolico l'unità; e ne raccolgo

$$\frac{4m^4 c\, dz}{z^5} E^{\Lambda \int \frac{ds}{z}} + dx\, E^{\Lambda \int \frac{ds}{z}} - dh\, E^{\Lambda \int \frac{ds}{z}} - \frac{\Lambda\, h\, ds}{z} E^{\Lambda \int \frac{ds}{z}} = 0,$$

donde si scorge, che l'integrale dei due ultimi termini è $-h\, E^{\Lambda \int \frac{ds}{z}}$, e perciò ne risulta

$$4m^4 c \int -\frac{dz}{z^5} E^{\Lambda \int \frac{ds}{z}} + \int dx\, E^{\Lambda \int \frac{ds}{z}} - hE^{\Lambda \int \frac{ds}{z}} + C = 0.$$

Se ora, per discendere al particolare, si suppone, che il Vaso superiore sia un Vaso cilindrico verticale $AOPE$ (Fig.III), e il Tubo annessovi sia il Tubo parimente cilindrico $RPFS$ inclinato alla verticale sotto l'angolo Ω, e il diametro AE del vaso si fa $= n$, l'altezza $AO = b$, la lunghezza RF del tubo $= g$, il diametro NG della sua larghezza $= f$, e il diametro del suo lume circolare $B = m$; si passerà agevolmente all'integrazione dei due termini

$$4m^4 c \int -\frac{dz}{z^5} E^{\Lambda \int \frac{ds}{z}}, \int dx\, E^{\Lambda \int \frac{ds}{z}},$$

ne' quali z diventa $= n$, $ds = dx$, e però $\int \frac{dx}{z} = \frac{x}{n}$.

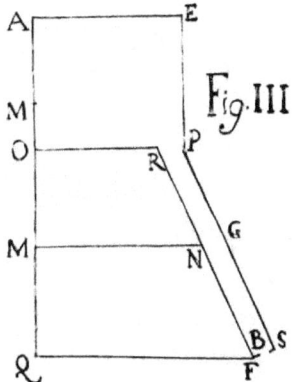

Fig. III

Presi dunque questi integrali per modo, che spariscano nel punto supremo A del vaso, si ritrova

$$4m^4c \int \frac{dz}{z^5} E^{\frac{\Lambda x}{n}} = \frac{m^4c}{n^4}\left(1 - E^{\frac{\Lambda x}{n}}\right) + \frac{m^4c\Lambda}{a^5} \int dx\, E^{\frac{\Lambda x}{n}}$$

$$= \frac{m^4c}{n^4}\left(1 - E^{\frac{\Lambda x}{n}}\right) + \frac{m^4c}{n^4}\left(E^{\frac{\Lambda x}{n}} - 1\right) = 0$$

e l'altro termine

$$\int dx\, E^{\frac{\Lambda x}{n}} = \frac{n}{\Lambda}\left(E^{\frac{\Lambda x}{n}} - 1\right).$$

Quindi l'equazione precedente si trasforma in

$$\frac{n}{\lambda}\left(E^{\frac{\Lambda x}{n}} - 1\right) - hE^{\frac{\Lambda x}{n}} + C = 0;$$

e di qui nasce

$$h = CE^{-\frac{\Lambda x}{n}} + \frac{n}{\Lambda}\left(1 - E^{-\frac{\Lambda x}{n}}\right);$$

e nell'orlo superiore del Vaso diventano $x = 0$, ed $h = $ all'altezza d'una colonna d'acqua del peso dell'atmosfera, cioè $= A$ (imperciocché la suprema superficie AE dell'acqua porta tutto il peso dell'atmosfera), si otterrà $C = A$, e però

$$h = A\, E^{-\frac{\Lambda x}{n}} + \frac{n}{\Lambda}\left(1 - E^{-\frac{\Lambda x}{n}}\right)$$

per qualunque punto indefinito M del Conservatorio. Ma siccome l'integrale del termine

$$4m^4c \int \frac{dz}{z^5} E^{\frac{\Lambda x}{n}}$$

considerato in generale è

$$= \frac{m^4c}{n^4} - \frac{m^4c}{z^4} E^{\frac{\Lambda x}{n}} + m^4c\,\Lambda \int \frac{dx}{z^5} E^{\frac{\Lambda x}{n}},$$

si troverà, che nel punto infimo O del Vaso, dove il diametro dell'apertura diventa $= f$, ed $x = b$, quell'integrale si cangia in

$$m^4c\, E^{\frac{\Lambda x}{n}} \left(\frac{1}{n^4} - \frac{1}{f^4} \right).$$

Dunque l'altezza rappresentatrice della pressione nel luogo dell'apertura RP in fondo del vaso, cioè il valore di h si farà quivi

$$= AE^{-\frac{\Lambda x}{n}} + \frac{n}{A} \left(1 - E^{-\frac{\Lambda x}{n}} \right) + m^4c \left(\frac{1}{n^4} - \frac{1}{f^4} \right).$$

Se si applica lo stesso discorso al tubo RS, dove è $dx = ds\,cos.\theta, z = f$, la lunghezza $RF = g$, e il diametro del lume $B = m$, e si riflette, che sortendo l'acqua dall'orifizio B non soffre quivi altra pressione fuori di quella del peso dell'atmosfera, si dedurrà seguitando le traccie indicate dopo un lungo calcolo questa equazione

$$A = AE^{-\frac{\lambda b}{n} - \frac{\lambda b}{f}} + \frac{n}{\Lambda} E^{-\frac{\Lambda g}{f}} \left(1 - E^{-\frac{\Lambda b}{n}} \right) + E^{-\frac{\Lambda g}{f}} m^4c \left(\frac{1}{n^4} - \frac{1}{f^4} \right)$$
$$+ \frac{f}{\lambda} \left(1 - E^{-\frac{\Lambda g}{f}} \right) cos.\theta + m^4c \left(\frac{1}{f^4} - \frac{1}{m^4} \right),$$

dalla quale si ricava il valore dell'altezza generatrice della velocità, colla quale l'acqua esce dal lume B, cioè si avrà

$$=,$$

$$c = \frac{\frac{n}{\Lambda} E^{-\frac{\Lambda g}{f}} \left(1 - E^{-\frac{\Lambda b}{n}} \right) + \frac{f}{\lambda} \left(1 - E^{-\frac{\Lambda g}{f}} \right) cos.\Omega - A \left(1 - E^{-\frac{\Lambda b}{n} - \frac{\Lambda b}{f}} \right)}{1 - \frac{m^4}{f^4} \left(1 - E^{-\frac{\Lambda g}{f}} \right) + \frac{m^4}{n^4} E^{-\frac{\Lambda g}{f}}}$$

24. Trattata colla dovuta destrezza, e cautela la precedente equazione, ed applicativi i diversi casi possibili, e le differenti ipotesi che possono farsi nella

presente ricerca, non sarà più ormai malagevole di ricavare le leggi, alle quali è sottoposto l'Attrito dell'acqua nel movimento per li canali, e quindi inferirne la misura dell'azione di questa Forza sui Getti verticali dell'acqua. Si riduca pertanto in serie l'espressione $E^{-\frac{\Lambda g}{f}}$, e nasce

$$E^{-\frac{\Lambda g}{f}} = 1 - \frac{\Lambda g}{f} + \frac{\Lambda^2 g^2}{2f^2} - \frac{\Lambda^3 g^3}{6f^3} + \&c.;$$

parimente

$$E^{-\frac{\Lambda b}{n}} = 1 - \frac{\Lambda b}{n} + \frac{\Lambda^2 b^2}{2n^2} - \frac{\Lambda^3 b^3}{6n^3} + \&c.$$

In queste serie possono con piena fiducia trascurarsi tutti termini, che contengono il quadrato, e le altre superiori potestà di Λ; imperciocché essendo $\Lambda = 4\,\theta$, e θ il rapporto dell'Attrito alla Pressione, il qual rapporto per la straordinaria, e grandissima lubricità dell'acqua esser non può se non estremamente picciolo, siccome tutti convengono, sarà perciò Λ una frazione piccolissima, da potersi in conseguenza aver per nulla il suo quadrato, e le altre potestà più alte, nel modo che in somiglianti casi suole da' Geometri praticarsi. Perciò

$$E^{-\frac{\Lambda b}{n}} = 1 - \frac{\Lambda b}{n},$$

ed

$$E^{-\frac{\Lambda g}{f}} = 1 - \frac{\Lambda g}{f};$$

e surrogati questi valori nell'equazione di sopra si conseguirà

$$c = \frac{\frac{n}{\lambda}\left(1 - \frac{\Lambda g}{f}\right)\frac{\Lambda b}{n} + g cos. \Omega - A\left(1 - \left(1 - \frac{\Lambda b}{n}\right)\left(1 - \frac{\Lambda g}{f}\right)\right)}{1 + \frac{m^4 \Lambda g}{f^5} + \frac{m^4 \Lambda g}{a^4 f} - \frac{m^4}{n^4}},$$

la quale si riduce a quest'altra

$$c = \frac{b + g\,cos.\Omega - A\left(\dfrac{\Lambda g}{f} + \dfrac{\Lambda b}{n}\right)}{1 + \dfrac{m^4\Lambda g}{f}\left(\dfrac{1}{f^4} + \dfrac{1}{n^4}\right) - \dfrac{m^4}{n^4}},$$

e se il diametro n del Conservatorio assumesi (siccome suol essere in tutti i casi) grandissimo in confronto del diametro m del lume, cosicché i termini che comprendono oltre la prima potestà della frazione $\dfrac{m}{n}$ possano a tutto rigore disprezzarsi, si raccoglie

$$c = \frac{b + g\,cos.\Omega - \dfrac{A\Lambda g}{f} - \dfrac{A\Lambda b}{n}}{1 + \dfrac{m^4\Lambda g}{f^5}},$$

donde finalmente si ottiene

$$c = (b + g\,cos.\Omega)\left(1 - \frac{m^4\Lambda g}{f^5}\right) - \frac{A\Lambda g}{f} - \frac{A\Lambda b}{n}.$$

25. Ecco adunque ritrovata l'altezza generatrice della velocità del Getto nel sortire dal lume dopo aver sofferto il ritardo, e l'alterazione originata dallo sfregamento dell'acqua per le pareti del Conservatorio, e del Tubo di derivazione, e ritrovata appunto per tutte le ipotesi che possono farsi riguardo 1.° alla larghezza del Conservatorio, 2.° alla sua altezza, 3.° alla larghezza del tubo, 4.° alla lunghezza, 5.° alla sua inclinazione all'orizzonte, 6.° alla larghezza del lume, tutt'i quali casi vengono compresi nella precedente equazione, ed espressi dalle lettere $n.\,b, f, g, \Omega, m$. Di qui a prima vista si scorge, che l'altezza c, a cui il Getto si solleva, per cagione dell'Attrito è sempre minore dell'altezza dell'acqua sopra il Lume, o sia di $a + b\,cos.\Omega$, e la diminuzione o mancanza da questa altezza primitiva è

$$= (b + g\,cos.\Omega)\frac{m^4\Lambda g}{f^5} + \frac{A\Lambda g}{f} + \frac{A\Lambda b}{n},$$

e nominata D una tale diminuzione si ha l'equazione *direttrice*

$$D = (b + g\,cos.\Omega)\frac{m^4\Lambda g}{f^5} + \frac{A\Lambda g}{f} + \frac{A\Lambda b}{n}.$$

Un fenomeno singolare e sorprendente scopresi di primo lancio in questa equazione, ed è, che il peso dell'atmosfera tende a rinvigorire ed accrescere l'azione di questa Forza Ritardatrice sul Getto, di maniera che l'abbassamento del getto, unicamente cagionato dall'Attrito, si fa maggiore a cielo sereno, minore a cielo piovoso; il qual fenomeno quanto sarebbe semplice e naturale se si considerasse la diminuzione del Getto prodotta dalla VI, Forza Ritardatrice, o sia dalla resistenza dell'aria, tanto è singolare e maraviglioso qualora si considera unicamente la diminuzione prodotta dall'Attrito.

26. Per indagare al presente sulle traccie della nostra equazione *direttrice*

$$D = (b + g \cos. \Omega) \frac{m^4 \Lambda g}{f^5} + \frac{A\Lambda g}{f} + \frac{A\Lambda b}{n}$$

le Leggi, alle quali è soggetta la Diminuzione dell'altezza dei getti in quanto sono essi sottoposti alla Forza Ritardante dell' Attrito, concepiremo distribuita e divisa in tre parti una siffatta Diminuzione, le quali parti corrispondano e si riferiscano ai tre termini

$$(b + g \cos. \Omega) \frac{m^4 \Lambda g}{f^5} , \frac{A\Lambda g}{f} , \frac{A\Lambda b}{n}$$

dell'equazione. Egli è adunque evidente (giacché Λ è costante), che

I.   *La prima parte della Diminuzione del getto sta direttamente come l'altezza dell'acqua del Vaso sopra il Lume, come la lunghezza del Tubo di derivazione, come la quarta potenza del diametro del Lume, e inversamente come la quinta potenza del diametro del Tubo.*

II.   *La seconda parte della diminuzione del Getto seguita la ragione composta della diretta del peso variabile dell'Atmosfera, e della lunghezza del Tubo, e dell'inversa del diametro del Tubo.*

III.   *La terza parte della Diminuzione sta in ragione composta della diretta della pressione dell'Atmosfera, e dell'altezza del Conservatorio, e dell'inversa del diametro del Conservatorio.*

27. L'ulteriore esame di questa nostra equazione *direttrice*, e il di lei confronto colla formola (§. 13.) dianzi ricavata dalla considerazione della resistenza dell'aria a molte altre utili verità ci aprirebbe la strada, se il timore di non fare d'una Dissertazione un Volume, e la prescrittaci brevità non ci vietassero una più lunga discussione: alcuna cosa però intorno a questo punto indicheremo nella II. Parte, dove i canoni ritrovati alle condizioni del Problema ci studieremo di adattare. Ci contenteremo soltanto di osservare qui di passaggio, che dalla medesima equazione *direttrice* si ha un metodo speditissimo di determinare il preciso valore di λ, ovvero il rapporto dell'Attrito alla Pressione nell'acqua, che sarebbe un ritrovato non indifferente in Fisica, e servirebbe a vieppiù dilucidare ed

estendere la questione che abbiamo tra mano. Basterebbe a tal uopo, che si facesse nel Vuoto una sola esperienza (cosa non per anco (x) da veruno tentata) per accertare fino a qual altezza salga quivi il zampillo quasi verticale, e conseguentemente quanta sia la diminuzione o abbassamento unicamente prodotto dall'Attrito. Conosciuto in tal modo il valore del termine, che forma il primo membro dell'equazione, ed annullandosi i due ultimi termini del secondo membro a motivo di $A = 0$ (poiché nel Vuoto Boileano o insensibile, o piccolissima diviene la pressione della poc'aria rimastavi), si raccoglierà tosto il valore di λ in quantità tutte note e determinate, e si troverà dato per l'altezza dell'acqua del recipiente sopra il lume; per la diminuzione di quest'altezza, scoperta coll'esperienza; per la lunghezza del Tubo; per la sua larghezza; e pel diametro del lume. Un altro metodo di ritrovare il valore di λ senza aver bisogno d'intraprendere con molta pena e apparato l'indicata esperienza nel Vuoto ci viene somministrato dalla stessa nostra equazione *direttrice*, purché facciasi soltanto così lungo, e angusto il condotto, e così picciolo il lume, che in quel tal preciso grado di piccolezza l'acqua incominci a non spicciar fuori: in tal caso avremo

$$b + g \cos.\Omega = (b + g \cos.\Omega)\frac{m^4 \Lambda g}{f^5} + \frac{A\Lambda g}{f} + \frac{A\Lambda b}{n} \; ;$$

e quindi

$$\Lambda = \frac{b + g \cos.\Omega}{(b + g \cos.\Omega)\dfrac{m^4 g}{f^5} + \dfrac{Ag}{f} + \dfrac{Ab}{n}},$$

cioè dato in quantità note (y). Questo poi una volta determinato, è anche facilissimo il ritrovare qual lunghezza (che dovrà sempre essere grandissima) debba darsi al Tubo di condotta per far sì, che venga impedita l'uscita dell'acqua dal lume; imperciocché l'equazione

$$b + g \cos.\Omega = (b + g \cos.\Omega)\frac{m^4 \Lambda g}{f^5} + \frac{A\Lambda g}{f} + \frac{A\Lambda b}{n}$$

ci somministra il valore di

$$\begin{aligned}
g &= \frac{f^5}{2m^4\Lambda} - \frac{Af^4}{2m^4\cos.\Omega} - \frac{b}{2\cos\Omega} \\
&\pm \sqrt{\left(\frac{f^5}{2m^4\Lambda} - \frac{Af^4}{2m^4\cos.\Omega} - \frac{b}{2\cos\Omega}\right)^2 + \frac{bf^5}{m^4\Lambda\cos.\Omega} - \frac{Abf^5}{n\,m^4\cos.\Omega}}
\end{aligned}$$

80

in quantità conosciute.

28. *Esame della VIII., ed ultima Forza Ritardatrice*. Ora eccoci giunti all'VIII,, ed ultima Forza Ritardatrice, la quale sebbene essenzialmente compresa nella precedente, ed involuta nella nostra equazione direttrice, merita nulladimeno per la sua importanza una discussione a parte, ed esige da noi de' nuovi ripieghi per calcolarne l'azione, e misurarne l'intensità. E primieramente che le particelle dell'acqua, che si scarica da un orifizio, nel lambirne e raderne il margine soffrir debbano pel mutuo soffregamento una resistenza, la quale dalle molecole che contornano l'orlo dell'orifizio si comunica alle contigue nella sezione di quello, e da queste alle altre di mano in mano fino a che propagandosi via via per tutte le parti intermedie giunge a farsi sentire fino al centro della sezione; 2.° che siffatte resistenze, prese in assoluto, seguitino la ragione dei perimetri o contorni dei lumi, ovvero (essendo questi circolari) dei loro diametri; e le resistenze relative, cioè riferite alle superficie dei lumi, seguitino la ragione diretta dei perimetri, e inversa delle superficie, ovvero nella predetta ipotesi la semplice inversa dei diametri; 3.° che gli scarichi naturali, ovvero le quantità d'acqua, che si scaricherebbero per l'orifizio se venisse tolto il soffregamento, soffrano un diffalco sensibile in virtù di simile impedimento, e perciò gli scarichi effettivi riescano notabilmente minori de' naturali: 4.° che in pari circostanze questi diffalchi assolutamente considerati, stiano direttamente come gli orli degli orifizj, ovvero anche come i diametri de' medesimi; e considerati relativamente, cioè riferiti agli scarichi naturali, stiano come gli stessi diametri reciprocamente (y): sono questi principj comuni che s'incontrano presso tutti gli Scrittori d'Idraulica, e che vengono in parte confermati e convalidati coll'esperienza. E di qui dipende la soluzione di quell'elegante Problema, in cui dato il lato a di un lume, e dato il suo scarico effettivo q, cercasi il lato omologo x d'un altro lume simile, il quale in pari profondità produca un dato scarico effettivo Q. Imperciocché per la data profondità, e per la data superficie del primo lume dovendo esser noto anche il suo scarico naturale, che chiameremo q', e stando gli scarichi naturali come le aree dei lumi, o come i quadrati dei loro lati omologhi, si ha l'analogia $a^2 : x^2 :: q' : \frac{q'x^2}{a^2} =$ allo scarico naturale del secondo lume; e siccome i diffalchi assoluti; stanno in ragione diretta de' lati omologhi degli orifizj simili, nasce l'altra analogia

$$ (q' - q) : \left(\frac{q'x^2}{a^2} - Q \right) :: a : x \, , $$

e quindi

$$ q'x - qx = \frac{q'x^2}{a^2} - a\,Q, $$

cioè

$$x^2 - \left(\frac{aq}{q'} - a\right)x - \frac{a^2 Q}{q'} = 0,$$

e per ultimo

$$x = \frac{a(q' - q) \pm a\sqrt{(q' - q)^2 + 4q'Q}}{2\,q'}$$

29. Ma siccome il ritardo prodotto dal mentovato soffregamento dell'acqua coll'orlo dell'orifizio non si confina alle sole molecole che radono e lambiscono il margine, ma si propaga per tutta l'area del lume; quindi è, che per ritrovare il ritardo diffuso per tutta l'area dell'orifizio, sarà mestieri ricorrere al Calcolo Integrale; ed ecco come io procedo in questa investigazione. Egli è evidente, che la resistenza e il ritardo delle particelle dell'acqua esser dee maggiore nelle più vicine al margine del lume, minore nelle più lontane, e ciò secondo una qualche funzione delle distanze dal margine: concepiscasi nel lume circolare (Fig. IV) *BDC* il cerchio concentrico *EMN*, e l'infinitamente vicino *emn*; indi pongasi $AB = a, AE = x$, e la resistenza nel centro A, che di tutte è la minima, $= R$, e denotate per F le funzioni delle distanze si ottiene

$$F(a) : F(a - x) :: R \; ; \quad \frac{R\,F(a - x)}{F(a)} = resistenza\ in\ E,$$

e moltiplicata questa per la circonferenza *EMN*, cioè per $2\pi x$, nasce

$$\frac{2R\pi x\ F(a - x)}{F(a)} = resistenza\ in\ tutta\ la\ periferia;$$

moltiplicata nuovamente quest'ultima resistenza per *Ee*, ovvero dx, il prodotto

$$\frac{2R\pi x\ dx\ F(a - x)}{F(a)}$$

rappresenta la resistenza per tutta la zona elementare *EemMNn* ; e però l'integrale

$$\frac{2\pi R}{F(a)} \int x\ dx\ F(a - x),$$

82

preso in modo che s'annulli coll'annullarsi di x, esprime il ritardo in tutta l'area circolare $AEMN$; e se nell'integrale così ritrovato si fa $x = a$, scopresi la resistenza nella superficie intera del lume $ABDC$.

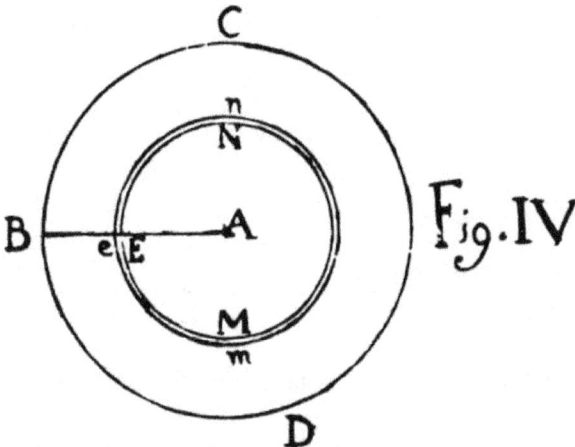

Tutto adunque dipende dall'integrazione di questa formola, e l'integrazione dipende dalla natura della funzione delle distanze. Suppongasi, come è verisimile, una tal funzione essere una qualche potenza inversa delle distanze, onde abbiasi

$$F(a) = \frac{1}{a^n} , F(a - x) = \frac{1}{(a - x)^n} ;$$

e allora sarà

$$\frac{2\pi R}{F(a)} \int x \, dx \, F(a - x) = 2\pi a^n R \int \frac{x \, dx}{(a - x)^n}.$$

Ora poi quest'ultima espressione integrata per modo, che l'integrale svanisca collo svanire della x, con non difficile calcolo si troverà

$$\frac{2\pi a^n R}{n^2 - 3n + 2} \left(\frac{(n - 1)(x - a)}{(a - x)^{n-1}} + \frac{1}{a^{n-2}} \right) =$$

alla resistenza nell'area circolare $AEMN$.

30. L'esame della precedente espressione ci scopre un singolar paradosso: imperciocché surrogato in essa a in luogo di x ad effetto di conseguire il valore della Resistenza nell'area intera del lume $ABDC$ ritrovasi infinito un siffatto valore contro ogni apparenza di verità. Per ovviare a queste specie di contraddizione basterà aggiungere alle distanze a, ed $a - x$ dall'orlo del lume una costante δ sicché abbiasi in questa stessa ipotesi

$$\frac{2\pi R}{F(\pi + a)} \int x \, dx \ F(\pi + a - x) = 2\pi(a + \delta)^n R \int \frac{x \, dx}{(\delta + a - x)^n},$$

il di cui integrale, preso in maniera che si annulli insieme con x trovasi essere

$$\frac{2\pi(a + \delta)^n R}{n^2 - 3n + 2} \left(\frac{(n-1)(x - \delta - a)}{(\delta + a - x)^{n-1}} + \frac{1}{(\delta + a)^{n-2}} \right),$$

e posto $x = a$, diventa

$$\frac{2\pi(a + \delta)^n R}{n^2 - 3n + 2} \left(\frac{(n-2)(a - \delta)}{\delta^{n-1}} + \frac{1}{(\delta + a)^{n-2}} \right),$$

che è la quantità della Resistenza in tutta la superficie del foro.

Ma sono due casi, che rendono insignificante ed inutile l'espressione

$$\frac{2\pi(a + \delta)^n R}{n^2 - 3n + 2} \left(\frac{(n-1)(x - \delta - a)}{(\delta + a - x)^{n-1}} + \frac{1}{(\delta + a)^{n-2}} \right),$$

i quali casi sono contenuti nell'equazione quadratica $n^2 - 3n + 2 = 0$; avvegnacché le due radici $n = 1$, ed $n = 2$ sostituite per n in detta espressione riduconla al valore equivoco e indeterminato $\frac{0}{0}$. Per isfuggire adunque questo nuovo inconveniente si torna all'integrazione della Formola in ciascuno dei due casi indicati; e per il primo essendo quella

$$2\pi(a + \delta)R \int \frac{x \, dx}{\delta + a - x},$$

se ne scopre l'integrale

$$= 2\pi R(a + \delta) \left(-x + log \frac{a + \delta}{\delta + a - x} \right),$$

che esprime la resistenza nel cerchio $AEMN$, e posto $x = a$ trovasi

$$2\pi R(a + \delta) \left(-a + log \frac{a + \delta}{\delta} \right)$$

pel valore della resistenza in tutta l'area del lume $ABDC$. Nel secondo caso di $n = 2$ la formola diventa

$$2\pi R(a + \delta)^2 \int \frac{x\,dx}{(\delta + a - x)^2},$$

la quale pure integrata colla indicata condizione, che l'integrale sparisca insieme colla x, si converte in

$$2\pi R\,(a + \delta)^2\left(\frac{x}{\delta + a - x} + log\frac{a + \delta - x}{a + \delta}\right),$$

che rappresenta la resistenza nell'area circolare indeterminata $AEMN$, e facendo $x = a$, sarà

$$2\pi R\,(a + \delta)^2\left(\frac{x}{\delta} + log\frac{\delta}{a + \delta}\right)$$

l'espressione della resistenza diffusa per tutta la superficie del lume.

31. Il Sig. Ab. Bossut nelle note al primo tomo della sua Idrodinamica con un metodo diverso dal nostro ha assoggettata al calcolo la forza dell'Attrito delle molecole d'acqua contro all'orlo del lume. Il suo metodo si riduce in sostanza al seguente: Divido il lume circolare (Fig. V) BCS in un'infinità di circonferenze concentriche $CS, ER, FQ,$ e intorno al raggio BC come asse costruita la Curva AGM , le di cui ordinate BA, FG, CM rappresentino le velocità effettive dell'acqua (alterate dall'attrito) ne' punti $B, F, C,$ è chiaro, che l'area di questa Curva sarà proporzionale alla somma delle velocità di tutte le zone elementari del lume, e conseguentemente allo scarico *effettivo*.

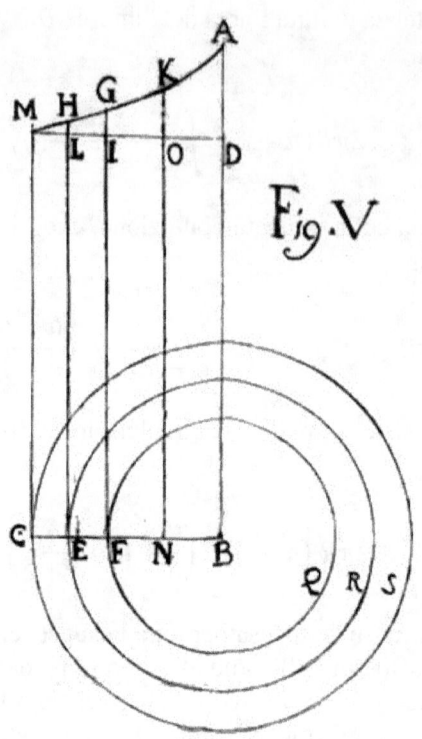

Fig. V

Pongasi

BC ... ... $= r$

BF ... ... $= x$

L'altezza generatrice della velocità FG ... ... $= X$

Il rapporto della circonf. al diam ... ... $= \pi$

Il tempo dello scolo ... ... $= t$

La quantità d'acqua che si scarica in questo tempo ... ... $= Q$

Il tempo impiegato da un grave a cadere dall'altezza data a $= \theta$

Per li notissimi principj d'Idraulica si avrà l'equazione

$$Q = \frac{2t\sqrt{a}}{\theta} \int \pi x \, dx \, \sqrt{X},$$

integrale, che deve annullarsi quando si annulla la x, e ricevere il suo valore completo quando x diviene r. Di qui si scopre, che conosciuta la natura della curva AGM, e in conseguenza FG^2, ovvero la funzione X, si potrà sempre o algebricamente o per le quadrature ritrovare la Q. Suppongasi per esempio AGM una linea retta; il che non dee scostarsi molto dalla verità, qualora si riguardi l'orifizio come picciolissimo. Chiamisi H l'altezza generatrice della velocità centrale BA, ed h l'altezza generatrice della velocità laterale CM, e tirisi MD parallela a BC. I triangoli simili MDA, MIG danno

$$IG = \frac{(r-x)\left(\sqrt{H} - \sqrt{h}\right)}{r},$$

e conseguentemente FG, ovvero

$$\sqrt{X} = \sqrt{h} + \frac{(r-x)\left(\sqrt{H} - \sqrt{h}\right)}{r} = \frac{x\sqrt{h} + (r-x)\sqrt{H}}{r}.$$

Dunque

$$\int x \, dx \, \sqrt{X} = \int \frac{x^2 dx\sqrt{h} + \left(rx \, dx - x^2 dx \sqrt{H}\right)}{r} = \frac{x^3\left(\sqrt{h} - \sqrt{h}\right)}{3r} + \frac{x^2\sqrt{H}}{2};$$

e preso $x = r$, si ottiene

$$Q = \frac{\pi t r^2\left(\sqrt{aH} + 2\sqrt{ah}\right)}{3\,\theta}.$$

Se ora sotto la medesima altezza d'acqua nel Conservatorio saravvi un secondo orifizio circolare orizzontale, è chiaro, che le quantità r, θ, a, t, ed h ancora rimangono le stesse dei prima, variando soltanto le quantità analoghe ad H, r, Q, che perciò nomineremo colle stesse lettere accentate. Avremo adunque come prima

$$Q' = \frac{\pi t r'^2\left(\sqrt{aH'} + 2\sqrt{ah}\right)}{3\,\theta}.$$

87

Considerando oltracciò, che la legge dell'Attrito esser dee la medesima in ambedue i casi, e che in conseguenza può riguardarsi, per esempio, NC come il raggio del secondo orifizio, mentre BC è il raggio del primo, si avrà $DA : OK :: DM : OM$, cioè $(\sqrt{H} - \sqrt{h}):(\sqrt{H'} - \sqrt{h}) :: r : r'$, ovvero $r(\sqrt{H'} - \sqrt{h}) = r'(\sqrt{H} - \sqrt{h})$. Adunque nelle tre equazioni

$$Q = \frac{\pi t r^2 (\sqrt{aH} + 2\sqrt{ah})}{3\,\theta},$$

$$Q' = \frac{\pi t r'^2 (\sqrt{aH'} + 2\sqrt{ah})}{3\,\theta},$$

$$r\left(\sqrt{H'} - \sqrt{h}\right) = r'(\sqrt{H} - \sqrt{h}),$$

riguardate come incognite le quantità H, H', h, ritrovasi prontamente

$$H = \left[\frac{\theta(Q(3r - r')r'^2 - 2Q'r^3)}{\pi t(r - r')r^2 r'^2 \sqrt{a}}\right]^2$$

$$H' = \left[\frac{\theta(Q'^{(r-3r')}r^2 + 2Qr^3)}{\pi t(r - r')r^2 r'^2 \sqrt{a}}\right]^2$$

$$h = \left[\frac{\theta(Q'r^3 - Qr'^3)}{\pi t(r - r')r^2 r'^2 \sqrt{a}}\right]^2 ;$$

donde si vede, che conosciuti mediante l'esperienza gli scarichi effettivi dell'acqua si renderà sempre nota l'altezza del getto.

PARTE II

Calcolate, misurate, analizzate tutte le Forze, che alterar possono il movimento dell'acqua nell'atto di scagliarsi verticalmente dai lumi de' Recipienti, e dimostrata pur anche la realità delle Forze medesime, e l'insussistenza di alcune altre, che a prima giunta sembrar potevano, e sono in fatti a taluno sembrate niente meno reali delle prime; lo scioglimento del nostro Problema non sarà omai altro che un passo di più nel viaggio finora fatto, ed una mera applicazione delle verità precedentemente stabilite alle circostanze della Quistione. Per proceder con ordine, incominceremo adunque brevemente dallo

SCIOGLIMENTO DEL I PUNTO

Perché i Getti verticali d'acqua non giungono mai al livello dell'acqua del Recipiente.

32. Dalle cose precedentemente dimostrate si raccoglie con piena evidenza, che la cagione vera, adeguata, e completa di questo fenomeno dee tutta rifondersi nell'azione delle tre ultime Forze Ritardatrici dianzi esaminate e calcolate, la prima delle quali, cioè la Resistenza dell'Aria, è da se sola di tal vigore ed energia da produrre nel movimento de' corpi alterazioni e sbilanci grandissimi e inaspettati, e contrarj in apparenza ad ogni probabilità e verisimiglianza. In prova di ciò basti per tutti il bel ritrovato del Signor Daniello Bernoulli (z) , il quale da alcune sperienze fatte dal Signor Günther sopra i tiri verticali del Cannone avanti l'Imperiale Accademia di Pietroburgo deduce con sottilissimo calcolo, che una palla di ferro del diametro di $0.23 \frac{3}{4}$ pied. Ingl., sparata verticalmente da un cannone lungo 7.7 pied. Ingl. caricato con quattro oncie Ollandesi di polvere, la qual palla impiegò 45" nel salire e discendere misurati con un orologio a secondi, salir dovette all'altezza di soli piedi Inglesi 7819. , laddove nel vuoto sarebbe montata all'altezza di piedi 58750. Questo enorme inaspettato divario ci scopre l'azione prodigiosa esercitata dalla resistenza dell'aria nel solo intervallo di 14.37" , quanto appunto esser dovette giusta il computo Bernoulliano il tempo della salita; e quindi si vede, che una tal resistenza tolse alla palla in così breve tempo quasi $\frac{7}{8}$ di altezza. Questo stesso con assai picciol divario ritroverassi facendo uso della nostra Formola (§. 13.)

$$x = \frac{nb}{f} \, log \left(1 + \frac{fa}{nb} \right),$$

nella quale (per essere già noto che la resistenza della sfera è la metà di quella del cilindro circoscritto, e il volume due terzi di questo) sarà $n = \frac{4}{3}$, ed f esprimerà il rapporto della gravità specifica dell'aria a quella del ferro. Così pure se vuolsi conoscere l'effetto della resistenza dell'aria in una palla di cannone di 4. pollici di diametro scagliata verticalmente con una velocità acquistata dalla caduta di 2968. piedi, nella formula precedente

$$\frac{4b}{3f} \ log \left(1 + \frac{3fa}{4b}\right)$$

posto $b = \frac{1}{3}$, $a = 2968$, $f = \frac{1}{7650}$ si raccoglie la salita della palla $=$ $3400.\log\frac{6368}{3400}$, e moltiplicando per 2.302585 ad effetto di ridurre i logaritmi iperbolici log a' logaritmi Log delle Tavole si ottiene la montata della palla

$$= 3400 \times 2.302585 \ Log \ \frac{6368}{3400} = 3400 \times 2.302585 \ \times 0.2725242$$
$$= 2129 \ piedi \ ;$$

donde si scorge, che anche in questo caso, in cui l'altezza primitiva è di soli piedi 2965, tuttavia la resistenza dell'aria arriva a toglierne più d'un quarto alla palla di ferro verticalmente vibrata.

33. Tutto ciò è più che sufficiente a convincere chicchessia della prepotente Forza dell'Aria nel resistere ai getti verticali d'acqua, indebolirne la velocità, e sminuirne l'altezza: e se a questa Forza aggiugnesi l'altra dell'Attrito ai lati del Recipiente, e del Tubo, e al margine dell'orifizio, anziché meravigliarci delle notabili differenze fra le altezze de' Recipienti, e quelle de' Getti negli Sperimenti di Mariotte, e Bossut Tav. I. e II. §.4., avrassi motivo all'opposto di rimaner sorpreso, che il Mariotte nella 5.ª Sperienza Tav. I. abbia osservato il Getto d'acqua giugnere *in circa* all'altezza della Conserva; se non che (a non voler sospettare di qualche inesattezza nell'osservazione) la picciola altezza della Conserva, la grande ampiezza del Tubo di derivazione, e la *proporzionata* ristrettezza del lume ci fanno ragionevolmente credere, che se non insensibile assai picciola esser dovesse la differenza fra l'altezza del Conservatorio, e quella del Getto, parendo altronde verisimile, che l'espressione *in circa* di Mariotte indichi piuttosto una piccola che niuna differenza (aa).

34. Non è da tacersi un fenomeno straordinario, che talvolta si osserva ne' getti verticali d'acqua, e che a prima giunta sembra contrario alle comuni Teorie. Nei primi momenti dell'uscita vedesi alcuna fiata scagliarsi il Getto ad un'altezza molto maggiore che non è quella del Conservatorio; anzi il gran Geometra Sig. Daniello Bernoulli attesta di aver ottenuto coi tubi di vetro questo *salto momentaneo* fino a dieci e venti volte più alto della Conserva. L'unica e vera cagione di un tal fenomeno è l'aria, la quale entra coll'acqua nel condotto, e vi si accantona nel picciolo spazio $MNBF$ (Fig. VI) verso l'estremità; per modo che aperto a un tratto l'orifizio B l'aria ne scappa la prima, e l'acqua che la segue cade nello spazio vuoto $MNBF$, ed acquista dall'impeto di questa caduta nel vuoto una determinata velocità, la quale poi cresce, nell'attual sortita dall'orifizio, in ragione della sezione perpendicolare del tubo all'area dell'orifizio (bb).

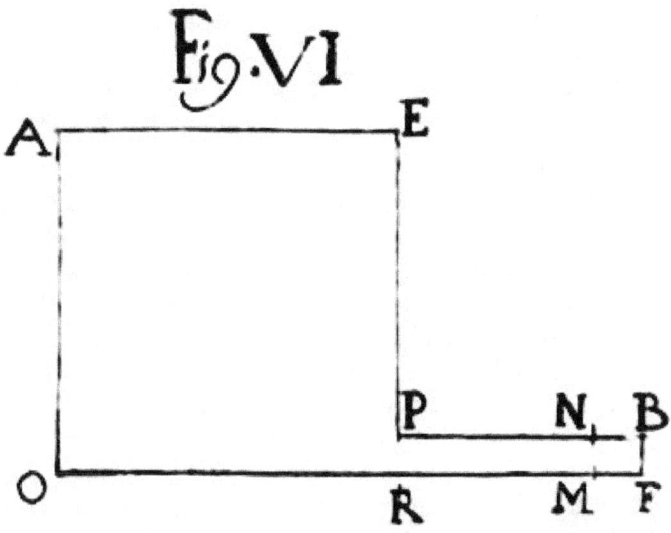

Fig. VI

Per dimostrare come al Sig. Bernoulli potesse riuscire di produrre il mentovato *salto* venti volte più alto del Conservatorio, chiamisi [M] tutta la massa dell'acqua contenuta nel recipiente OE, e nel tubo $RMNP$, m la massa d'acqua che può capire nello spazietto $MFBN$, D il diametro del tubo, d quello dell'orifizio, finalmente a l'altezza PE dell'acqua sopra l'orifizio B, ed v l'altezza generatrice della velocità acquistata dall'acqua nel venire da MN in BF: Ora pel gran Principio della *Conservazione delle Forze Vive*, ovvero dell'*Uguaglianza fra l'Ascesa Potenziale e la Discesa Attuale*, Principio già da tanti dimostrato, e dal predetto Geometra mirabilmente applicato alle più arcane ricerche d'Idrodinamica, l'*ascesa potenziale* di tutta l'acqua nel momento dell'arrivo in BF deve essere uguale alla di lei *discesa attuale*; e perciò che ha dimostrato lo stesso Geometra nella sua incomparabile Idrodinamica (cc) la *discesa attuale* si ha con prendere una terza proporzionale a tutta la massa dell'acqua, alla massa che può riempire lo spazietto $MNBF$, e all'altezza verticale PE; quindi si dedurrà $v = \frac{m\,a}{M}$: e siccome le velocità dell'acqua nelle diverse sezioni d'un condotto stanno reciprocamente come le sezioni, o come i quadrati dei loro diametri, e le altezze *dovute* a tali velocità sono in duplicata ragione delle velocità medesime, quindi è che l'altezza *dovuta* alla velocità con cui l'acqua scaglierassi dal lume B, si rinverrà $= \frac{mD^4}{Md^4}$. Quand'anche al presente si supponesse tutta la massa dell'acqua dieci mila volte maggiore di quella che viene ad occupare lo spazietto $MNBF$, se il diametro del condotto sarà $2\frac{1}{2}$ piedi, e di un solo pollice quello del lume, sostituendo questi numeri nella ritrovata formula si scoprirà l'altezza *dovuta* alla velocità dell'uscita 81. volte maggiore dell'altezza della conserva. Ma questo enorme *salto*, come prodotto da una causa accidentale, e momentanea, non può essere che momentaneo, venendo tostamente annientato dalla resistenza degli ostacoli il moto prodotto dalla caduta dell'acqua nello spazietto *MNBF,* ed essendo allora in conseguenza la semplice pressione dell'acqua superiore all'orifizio l'unica cagione permanente dell'efflusso, della velocità, e dell'altezza del getto (*dd*).

SCIOGLIMENTO DEL II PUNTO

Perché l'altezza del Getto diventa tanto minore quanto più picciolo è il foro da cui l'acqua zampilla.

35. Un puro Corollario delle Dottrine dianzi stabilite e dimostrate è parimente la soluzione di questo II. Punto del nostro Problema. Si è fatto vedere (§.15.), che in virtù della Forza Ritardatrice a tutte le altre predominante, vale a dire della Resistenza dell'aria, le Diminuzioni delle altezze dei Getti (supposte uguali le altezze de' Conservatorj, che è l'ipotesi di questo II. Punto) seguitano la ragione inversa dei diametri degli orifizi. Quindi è, che restringendosi sempre più l'orifizio non solo dovrebbe il getto d'acqua divenire sempre più basso, ma dovrebbero oltracciò gli abbassamenti del getto crescere appunto nella ragione in cui scemano i diametri dei lumi. Quanto alla prima parte le Sperienze 1.ª, 2.ª, 3.ª, 8.ª, 10.ª, 11.ª, 12.ª, 13.ª di Mariotte Tav.I., e le altre 1.ª, 2.ª, 3.ª, 9.ª, 10.ª, 11.ª di Bossut Tav. II. non permettono di dubitare, scorgendosi in quelle l'altezza del getto farsi sempre minore tutte le volte che s'impicciolíva l'apertura, o il diametro dell'orifizio; la seconda parte, cioè il rapporto inverso degli abbassamenti del getto coi diametri degli orifizj non trovasi punto confermata dalle mentovare sperienze, siccome facendone il confronto può chicchessia agevolmente conoscere. E qui è appunto dove le nostre Teorie sono a meraviglia concordi colle osservazioni: Imperocché se nelle istesse ora nominate sperienze si sottraggono le altezze dei Getti dalle corrispondenti altezze dei Recipienti, e si paragonano tra loro i residui, cioè gli abbassamenti o diminuzioni dei Getti, si scuopre tosto, che siffatti abbassamenti crescono in una ragione minore della ragione inversa de' diametri degli orifizj; e questo è quell'arduo intricato fenomeno, di cui le nostre Teorie somministrano una compiuta dimostrazione. In fatti non essendo la sola Resistenza dell'aria quella che impedisce e ritarda il Getto d'acqua, ma avendo anche l'Attrito la sua parte non picciola nel diminuire l'impeto e la velocità del getto, conviene quindi aver riguardo all'azione di ambedue queste Forze Ritardatrici per determinare la quantità dell'abbassamento. Abbiamo pertanto ritrovato (§.25.) per la quantità di tale abbassamento unicamente cagionato dall'Attrito l'equazione

$$D = (b + g \cos. \Omega) \frac{m^4 \Lambda g}{f^5} + \frac{A \Lambda g}{f} + \frac{A \Lambda b}{n},$$

e per la diminuzione prodotta dalla Resistenza dell'aria (§.13.) l'equazione

$$D = \frac{f a^2}{2 n b},$$

ovvero (essendo in questa seconda equazione

$$a = b + g \ cos. \ \Omega \ , b = m,$$

e facendo per evitare gli equivoci, $F = \Lambda, \ m = h$)

$$D = \frac{\Lambda(b + g \ cos. \ \Omega)^2}{2hm}.$$

Adunque la diminuzione totale del getto prodotta da tutte quelle Forze Ritardatrici, che aver possono un'azione sensibile in quest'effetto, verrà rappresentato dalla formola

$$D = \frac{\Lambda(b + g \ cos. \ \Omega)^2}{2hm} + (b + g \ cos. \ \Omega)\frac{m^4 \Lambda g}{f^5} + \frac{A\Lambda g}{f} + \frac{A\Lambda b}{n}.$$

Se ora si considera che il termine

$$(b + g \ cos. \ \Omega)\frac{m^4 \Lambda g}{f^5}$$

di questa formola è di estrema piccolezza in paragone degli altri; avvegnacché la frazione $\frac{m}{f}$ (siccome diremo nello Scioglimento del IV. Punto) in tutti que' casi, in cui cresce l'abbassamento del Getto col restringersi dell'orifizio, è sempre minore di $\frac{1}{3}$, e però posta questa $= \frac{1}{4}$, che è il valore o *massimo*, o vicinissimo al *massimo*, si ha $\frac{m^4}{f^5} = \frac{1}{1024}$; se ne inferirà il valore di

$$D = \frac{\Lambda(b + g \ cos. \ \Omega)^2}{2hm} + \frac{A\Lambda g}{f} + \frac{A\Lambda b}{n},$$

e facendo variare (tutto il resto rimasto lo stesso) il diametro m in m', e l'abbassamento D in D', con diminuir quello, ed ingrandir questo, si otterrà l'altro valore di

$$D' = \frac{\Lambda(b + g \ cos. \ \Omega)^2}{2hm'} + \frac{A\Lambda g}{f} + \frac{A\Lambda b}{n},$$

donde risulta l'analogia

$$D':D \: :: \: \left[\frac{\Lambda(b + g\,cos.\,\Omega)^2}{2hm'} + \frac{A\Lambda g}{f} + \frac{A\Lambda b}{n}\right] : \left[\frac{\Lambda(b + g\,cos.\,\Omega)^2}{2hm} + \frac{A\Lambda g}{f} + \frac{A\Lambda b}{n}\right]$$

$$:: \left[\frac{\Lambda(b + g\,cos.\,\Omega)^2 m}{2h} + \left(\frac{A\Lambda g}{f} + \frac{A\Lambda b}{n}\right)m'm\right]$$

$$: \left[\frac{\Lambda(b + g\,cos.\,\Omega)^2 m'}{2h} + \left(\frac{A\Lambda g}{f} + \frac{A\Lambda b}{n}\right)m'm\right]$$

$$:: \left[m + \frac{(2a\Lambda ghn + 2a\Lambda bhf)m\,m'}{nf\Lambda(b + g\,cos.\,\Omega)^2}\right] : \left[m' \right.$$

$$\left. + \frac{(2a\Lambda ghn + 2a\Lambda bhf)m\,m'}{nf\Lambda(b + g\,cos.\,\Omega)^2}\right] :: (m + F) :: (m' + F),$$

Posto

$$F = \frac{(2a\Lambda ghn + 2a\Lambda bhf)m\,m'}{nf\Lambda(b + g\,cos.\,\Omega)^2}.$$

Ma è teorema notissimo che date tre quantità *m, m', F*, delle quali la prima è maggiore della seconda, la somma della prima e della terza sta alla somma della seconda e della terza in minor ragione della prima alla seconda. Adunque la ragione di $(m + F):(m' + F)$ ovvero di $D':D$ è minore della ragione di $m:m'$, che è quanto dire, che *gli abbassamenti dei Getti crescono in una ragione minore dell'inversa dei diametri degli orifizj.*

36. Il Mariotte nel Trattato più volte citato *Part. IV. Disc.I.* per rendere ragione come in pari circostanze i getti più grossi salgano più in alto che i più sottili, adduce l'esempio di ciò che accade alle palle di legno di differente calibro, il peso delle quali, siccome eziandio la loro forza per superare la resistenza dell'aria, seguita la ragione triplicata dei loro diametri, mentre vengono ritardate nel movimento dall'aria nella ragione soltanto duplicata dei diametri. *Vedesene (soggiunge egli) l'esperienza allorché si mette in un'arma da fuoco della polvere di piombo, delle migliarole, e delle palle; poiché sebbene sortono tutte colla medesima velocità, le migliarole vanno molto più lontano della polvere di piombo, e le palle molto più lontano delle migliarole; e per la stessa ragione una palla di cannone andrà più lontano che una picciola palla dello stesso metallo spinta colla medesima forza.* Questo ragionamento di Mariotte, copiato da tutti gli Scrittori d'Idraulica, non è paruto convincente all'illustre Signor Kaestner, il quale col solito suo acume così discorre: «Osserva Mariotte, che in pari altezza d'acqua questa spiccia più lontano dalle aperture o canne più larghe che dalle più strette, per esempio più lontano se l'apertura ha 12. linee di diametro che se essa ne ha 8., particolarmente quando l'altezza dell'acqua è considerabile, di 30., 50., 60., e più piedi: la cagione di ciò dovrà cercarsi nell'Attrito che all'orlo d'una picciola apertura è a proporzione più forte: Mariotte crede, che debba l'acqua andare più lunghi per quello stesso motivo, per cui a carica eguale una palla di piombo va più

lontano che un'egual quantità di piombo diviso in pallini o migliarole. Ma egli non ha riflettuto, che nelle migliarole una stessa quantità di piombo presenta bensì all'aria più superficie che nella palla, ma qui la quantità dell'acqua che sorte sta come la superficie dell'apertura; conseguentemente meno d'acqua colla sua più picciola superficie incontra secondo la stessa proporzione meno resistenza nell'aria» (*ee*).

37. Dall'equazione

$$ D = \frac{\Lambda(b + g\ cos.\Omega)^2}{2hm} + (b + g\ cos.\Omega)\frac{m^4\Lambda g}{f^5} + \frac{A\Lambda g}{f} + \frac{A\Lambda b}{n} $$

si ottiene la soluzione d'un bel Problema nel quale data l'altezza e larghezza del recipiente, la lunghezza e larghezza del condotto, e l'inclinazione di questo alla verticale si ricerca di ritrovare il diametro del lume, il quale corrisponda ad una determinata diminuzione nell'altezza del Getto. Posto in fatti $m = x$, ed ordinati a dovere i termini ci si presenta l'equazione di quinto grado

$$ x^5 + \frac{A\Lambda gnf^4 + A\Lambda bf^5 - Dnf^5}{Agn(b + g\ cos.\Omega)^2}x + \frac{\Lambda f^5}{2h\Lambda g}(b + g\ cos.\Omega) = 0; $$

e delle cinque radici si questa equazione dovendo una per lo meno esser reale, si conseguirà il ricercato valore dell'apertura del lume.

SCIOGLIMENTO DEL III PUNTO

Perché in parità di circostanze tanto più il Getto si accorcia, quanto è più alta l'acqua della Conserva.

Anche lo scioglimento di questo Punto ad altro non si riduce che ad una pura applicazione delle Verità dianzi dimostrate, delle quali esso è una conseguenza immediata. Già la predominante Forza della Resistenza dell'aria agisce sui Getti verticali d'acqua con tanta energia, che ne' Conservatorj di lume uguale gli abbassamenti dei Getti sono come i quadrati delle altezze de' medesimi Conservatorj (§.14.); il qual Teorema di Mariotte (*ff*) non trovasi gran fatto lontano dall'esperienza, ma anzi il più delle volte pressoché esattamente conforme alla stessa. Siccome però non è la sola resistenza dell'aria quella che infiacchisce la velocità e scorcia l'altezza del Getto, ma a questo effetto sensibilmente concorre (§.20. &c.) anche la Ritardante Forza dell'Attrito; quindi è che non può a tutto rigore verificarsi il predetto Teorema, rimanendo però sempre vero il III. Punto del Programma Accademico, che a maggior altezza di Conservatorio corrisponde *cæteris paribus* maggior abbassamento del Getto, e a minor altezza abbassamento minore; di che vedesi una bella conferma nelle sperienze 1.ª, 4.ª, 7.ª, 8.ª, 11.ª, e 2.ª, 6.ª, 13.ª, e 3.ª, 5.ª, 10.ª, 12.ª della Tavola *I*. di Mariotte (§.4).

39. Per conoscere intanto la relazione fra gli abbassamenti dei Getti, e le altezze de' recipienti, avuto riguardo a tutti gl'impedimenti sensibili delle Forze Ritardatrici, dovrassi ricorrere (§.35) all'equazione

$$D = \frac{\Lambda(b + g \, cos.\Omega)^2}{2hm} + \frac{m^4 \Lambda g}{f^5}(b + g \, cos.\Omega) + \frac{A\Lambda g}{f} + \frac{A\Lambda b}{n},$$

dalla quale si scorge, che l'abbassamento del Getto è rappresentato da una funzione dell'altezza del recipiente, la quale contiene la prima, e seconda potestà dell'altezza medesima; e perciò è manifesto, che crescendo l'altezza del Conservatorio cresce l'abbassamento del Getto, e quella scemando scema ancor questo. Ed è ben naturale, che spicciando l'acqua da un recipiente più alto con maggiore velocità incontri per questa stessa maggiore velocità una più forte resistenza dell'aria, e sia conseguentemente costretta anche indipendentemente da ogni sfregamento a rimanere più bassa (gg). Che se nella precedente equazione vorrà negligersi il termine

$$\frac{m^4 \Lambda g}{f^5}(b + g \, cos.\Omega) + \frac{A\Lambda g}{f},$$

il quale non può essere se non picciolissimo, l'equazione diventerà quadratica *pura*, cioè

$$D = \frac{\Lambda(b + g \, cos.\Omega)^2}{2hm} + \frac{A\Lambda g}{f} + \frac{A\Lambda b}{n},$$

la quale contiene una conferma della Regola di Mariotte: imperciocché essendo piccioli i due ultimi termini del secondo membro a motivo del picciol valore di Λ, ne risulta la diminuzione del Getto prossimamente proporzionale al quadrato dell'altezza del Conservatorio. Anche la Forza Ritardante dell'Attrito in parità di tutte le altre cose cresce (§.26.) coll'altezza del Conservatorio, e scema con quella; ond'è, che anche per questo solo capo ad una maggiore altezza del Conservatorio dee corrispondere una maggior diminuzione del Getto.

40. Gettando l'occhio sull'equazione

$$D = \frac{\Lambda(b + g \, cos.\Omega)^2}{2hm} + \frac{m^4 \Lambda g}{f^5}(b + g \, cos.\Omega) + \frac{A\Lambda g}{f} + \frac{A\Lambda b}{n},$$

si scorge, che dato l'abbassamento del Getto potrà sempre aversi in quantità note l'altezza dell'acqua sopra il lume, cioè $b + g \, cos.\Omega$; imperciocché denominata quest'altezza x, si converte l'equazione in quest'altra

$$x^2 + \frac{2\Lambda hgm^5}{\Lambda f^5}\, x + \frac{2A\Lambda ghm}{f\Lambda} + \frac{2A\Lambda bhm}{n\Lambda} - \frac{2hmD}{\Lambda} = 0 \,,$$

da cui si trae il valore ricercato di

$$x = -\frac{\Lambda hgm^5}{\Lambda f^5} + \sqrt{\frac{\Lambda^2 h^2 g^2 m^{10}}{\Lambda^2 f^{10}} + \frac{2hmD}{\Lambda} - \frac{2A\Lambda ghm}{f\Lambda} - \frac{2A\Lambda bhm}{n\Lambda}} \,.$$

Si può qui notare di passaggio, che se il tubo di derivazione è annesso orizzontalmente al Conservatorio (come suol essere d'ordinario) sì che diventi $\Omega = 90°$, allora risulta $b + g\,cos.\,\Omega = b$, cioè l'altezza dell'acqua del vaso sopra il lume diventa l'altezza istessa del vaso.

Scioglimento del IV punto

Perché, e in quali circostanze allargandosi più l'orifizio o lume del Getto, vie maggiormente questo s'abbassa.

La maggior parte degli Scrittori d'Idraulica dopo il celebre Varignon per indagare il movimento d'un liquore che sorte dal lume di un vaso partirono da questo principio, che il liquore al sortire da un orifizio orizzontale è cacciato dal peso della colonna superiore, senza assegnare alcun limite alla grandezza dell'orifizio; ma gli Scrittori Idraulici che venner dipoi, e colla scorta dell'Analisi ne' nascondiglj penetrarono della Scienza de' Fluidi, non ebbero molta pena a dimostrare, che una tal proposizione non poteva essere vera se non nel caso che gli strati superiori perdano la loro velocità, e che in conseguenza l'orifizio sia infinitamente picciolo; e procedendo col ragionamento più innanzi giunsero a stabilire, che quand'anche l'orifizio sia finito, purché la sua area non molto superi la ventesima parte della superficie della base, la velocità del fluido è sensibilmente la stessa che se l'orifizio fosse infinitamente picciolo; perché sebbene allora una siffatta velocità non è interamente prodotta dalla pressione della sovrastante colonna, ma dall'azione eziandio delle particelle contigue, tutte queste forze però talmente cospirano e si combinano, che ne risulta nel fluido zampillante quella stessa velocità che dal peso della sovrapposta colonna verrebbe generata. Adattando un somigliante discorso al Tubo di derivazione, e al di lui orifizio in ordine di fissare il rapporto fra la larghezza del Tubo, e quella del lume si arriva tosto a comprendere, che se il tubo non sarà sufficientemente largo onde concorrere compiutamente e contribuire all'erogazione per l'orifizio, non potrà l'acqua zampillare con tutta la possibile velocità; siccome appunto dal fondo di una conserva, se la superficie del lume oltrepassa un limite determinato, il liquore, come prima dicevasi, non sorte più colla velocità generata dall'altezza del vaso. Dovrà dunque secondo gl'indicati principj de' più solenni Scrittori Idrometrici necessariamente accadere, che dove o troppo angusto sia il tubo di derivazione, o troppo largo l'orifizio non possa l'acqua scaturire con tutta quella velocità che nel caso di un più ampio tubo, o di un più angusto orifizio si sarebbe osservata, e che conseguentemente l'altezza del Getto riesca minore che non riuscirebbe in circostanze diverse. Quindi si fa manifesto, che nel rapporto fra la larghezza del tubo, e quella del lume si dà un limite, al di là del quale dee verificarsi il II. Punto che l'abbassamento del Getto scemi col crescere dell'orifizio, e al di qua dello stesso limite dee per l'opposto avverarsi questo IV. Punto che la diminuzione dell'altezza del Getto cresca col crescere dell'orifizio, e scemi collo scemare di quello.

42. Volgendo l'occhio all'esperienze 9.ª, e 14.ª della Tav.I. di Mariotte, e alle sperienze 12.ª, 13.ª, 14.ª, 15.ª della Tav. II. di Bossut scopresi primieramente, che in quelle circostanze l'indicato *limite* del rapporto fra il diametro del lume, e quello del tubo è contenuto tra le frazioni $\frac{1}{3}$, ed $\frac{1}{4}$; e secondariamente che prima di questo limite gli abbassamenti dei Getti in pari altezza dei Conservatorj crescono quando scemano i lumi, e scemano quando crescono questi, e viceversa dopo questo *limite* crescono e scemano del pari con essi. Per determinare in tutti i casi possibili, e per tutte le altezze de' Conservatorj un siffatto *limite*, ovvero il più picciol diametro, che possa darsi al Tubo di derivazione relativamente a quello d'un dato orifizio sì che non venga a soffrire alcuna diminuzione o ritardo la velocità dell'acqua nell'uscire dal foro, chiamisi D il diametro del tubo, d quello dell'orifizio, V la velocità dell'acqua lungo il tubo, v la velocità nell'uscire dal lume: Dal noto Teorema, che la velocità nel sortire dall'orifizio sta alla velocità lungo il tubo come la sezione di questo all'area di quello si deduce $V = \frac{d^2 v}{D^2}$. E però in un altro tubo, e in un altro orifizio, ritenute le medesime lettere ma accentate, si conseguirà $V' = \frac{d'^2 v'}{D'^2}$. Se vuolsi pertanto, che i due Getti vengano nella stessa maniera forniti, cosicché le velocità nell'uno, e nell'altro tubo lascino ad ambedue i Getti tutta l'altezza possibile, basterà fare $V = V'$, donde si raccoglierà l'analogia $D^2 : D'^2 :: d^2 v : d'^2 v'$, cioè (denominate a, ed a' le altezze de' Conservatorj) $D^2 : D'^2 :: d^2 \sqrt{a} : d'^2 \sqrt{a'}$, che è quanto dire, che *allora due Getti saranno egualmente proveduti e forniti, e salendo uno a tutta la possibile altezza, salirà anche l'altro a tutta quell'altezza che deve competergli, quando le superficie dell'apertura dei Tubi staranno in ragione composta della duplicata dei diametri degli orifizi, e della sudduplicata delle altezze de' Conservatorj.*

43. Basterà ora, che in un solo caso per un'esperienza immediata si conosca il *limite* del rapporto fra il diametro dell'orifizio, e del Tubo, ovvero il *minimo* diametro del Tubo relativamente a un dato orifizio sì che l'acqua nel sortire da questo non abbia a perdere per questo capo parte alcuna della sua velocità; e si potrà coll'ajuto del precedente Teorema sotto qualunque altezza di Conservatorio determinare il *minimo* diametro di qualunque tubo relativamente a un lume proposto. Partendo adunque dall'esperimento di Mariotte, nel quale per un'altezza

di 52. piedi nel Conservatorio, e per un lume di 6. linee di diametro fu ritrovato il *minimo* diametro del Tubo di 36. linee, ovvero per maggior facilità del calcolo prendendo per fondamento il Principio di Bossut, che per un'altezza di 16. piedi, e per un lume di 6. linee di diametro, il *minimo* diametro del condotto è di linee circa $28.\frac{1}{2}$, si potrà costruire la Tavola seguente

72

T A V O L A

Altezze dei Conservatorj		Diametri *minimi* dei Tubi di derivazione	Diametro del Lume
Piedi	Pollici	Linee	Linee
5	1	21	
10	4	26	
15	9	28	
21	4	31	
29	1	33	
33	0	34	
39	1	36	
45	4	37	
51	9	38	6
58	4	39	
65	1	40	
72	0	41	
79	1	42	
86	4	43	
93	9	44	
101	4	45	
109	1	46	
117	0	47	
125	1	48	
133	4	49	

La prima colonna di questa Tavola comprende le altezze medesime de'Conservatorj che assegna Mariotte (*bb*), la seconda i minimi diametri de' condotti, calcolati in modo, che sonosi trascurate le frazioni minori di $\frac{1}{2}$, e si è scritta l'unità in luogo di quelle che vagliono più di $\frac{1}{2}$. Si sono in oltre corretti il quinto ed ultimo numero della prima colonna, i quali presso Mariotte sono sbagliati.

44. Dal fin qui detto si scorge il perché, e sotto quali condizioni il Getto d'acqua vieppiù s'impicciolisce e s'accorcia quanto più s'ingrandisce l'orifizio, da cui l'acqua zampilla; e scopresi nel tempo stesso non esservi contraddizione alcuna, come sembrar potrebbe di primo lancio, tra questo Punto, e il II. avvegnacché tutto dipende dal ben fissare il *limite* del rapporto fra l'apertura del

lume, e quella del tubo; e questo è ciò che abbiamo fatto poc'anzi. Resta per ultimo da esaminare un elegante Problema, in cui dato l'abbassamento del Getto, prodotto da tutte le Forze Ritardatrici *sensibili* cercasi il diametro del Tubo di derivazione. Ricorrendo per tanto all'equazione

$$D = \frac{\Lambda}{2hm}(b + g\,cos.\,\Omega)^2 + \frac{m^4\Lambda g}{f^5}(b + g\,cos.\,\Omega) + \frac{A\Lambda g}{f} + \frac{A\Lambda b}{n},$$

(§.36.), e posto $f = x$, dopo le opportune riduzioni si ottiene l'equazione di quinto grado

$$x^5 + \frac{2A\Lambda ghnm}{\Lambda n(b + g\,cos.\,\Omega)^2 + 2A\Lambda bhm - 2hnmD}\,x^4$$
$$+ \frac{2A\Lambda ghnm^5(b + g\,cos.\,\Omega)}{\Lambda n(b + g\,cos.\,\Omega)^2 + 2A\Lambda bhm - 2hnmD} = 0\,;$$

e questa equazione dovendo avere secondo ciò che si dimostra nell'Algebra almeno una radice reale, una tal radice esibirà il valor cercato.

Tanto basti presentemente per non incorrere, volendo spinger tropp'oltre la speculazione, la taccia del gran Poeta, e Filosofo Inglese (*ii*),

Mad Mathesis alone was unconfin'd,
Too mad for mere material chains to bind,
Now to pure Space lifts her extatic stare,
Now running round to Circle, finds it square.

SULLA DISSERTAZIONE DI ANTONIO LUDEÑA, CORONATA DALLA REALE ACCADEMIA DI MANTOVA NELL'ANNO 1786

IL CLIMA CULTURALE CHE PRODUCE IL TEMA DEL CONCORSO

L'anno in cui viene pubblicata la dissertazione di Antonio Ludeña, «coronata dalla Reale Accademia di Mantova» è lo stesso in cui a Parigi vede la luce l'opera che segna il passaggio fra l'età adolescenziale della meccanica e l'età matura. La *Mécanique analitique*[72] di Joseph-Louis Lagrange rappresenta infatti il laboratorio dal quale la scienza fondata da Galileo[73] con i suoi *Discorsi* esce con la forma di rigorosa teoria che siamo soliti attribuirle.

Il saggio di Lagrange trasferisce la meccanica dal campo della fisica sperimentale a quello della matematica, conferendole una struttura rigorosamente ipotetico-deduttiva e dotandola dello strumento matematico più efficace che è quello del calcolo infinitesimale. Ricorda lo stesso Lagrange, nell'introduzione alla Dinamica, che

Questa scienza è ora costituita da alcune formule differenziali molto semplici; ma Newton ha fatto uso costantemente del metodo geometrico semplificato mediante il calcolo delle proporzioni, e se qualche volta si è servito del calcolo analitico, è stato unicamente il metodo delle serie che ha impiegato, che dev'essere ben distinto dal metodo differenziale, anche se è facile avvicinarli e ricavarli da un medesimo principio.[74]

Da Lagrange in poi il calcolo divenne il linguaggio privilegiato della meccanica e le proposizioni geometriche, con cui i fondatori avevano dato forma alle idee, fino a Newton e ai suoi epigoni, rimasero relegate all'età di formazione di questa scienza.

La formulazione del tema messo a concorso dall'accademia nel 1786 è un piccolo compendio di storia della meccanica e un'esposizione dello 'stato dei lavori' da un punto di vista che non nasconde un certo conservatorismo culturale:

---

[72] JOSEPH-LOUIS DE LAGRANGE, *Méchanique analitique*, cit.
[73] GALILEO GALILEI, *Discorsi e dimostrazioni matematiche intorno a due nuove scienze*, Leida, appresso gli Elseuirii 1638.
[74] JOSEPH-LOUIS DE LAGRANGE, *Méchanique analitique*, cit., Seconde Partie, p. 162.

I. Esprimere l'immediata connessione, che i principj introdotti nella meccanica sublime, come quelli di Maupertuis, d'Ugenio, e di d'Alembert, hanno co' principj della meccanica elementare, cioè colle formole Galileiane; *II*. Con opportune applicazioni far vedere, che la meccanica senza que' nuovi principj può facilmente procedere alla soluzione di que' sublimi problemi, che per mezzo loro furono sciolti, o si possono sciogliere.[75]

I nomi che venivano contrapposti a Galileo erano tutti di studiosi francesi (anche se, a rigore, Huygens era olandese) ed è noto che, nella seconda metà del secolo, la Francia era considerata la patria dell'illuminismo. D'altra parte, è difficile non osservare che, nell'anno in cui l'Accademia indice il concorso, all'orizzonte si stanno già addensando le nubi minacciose della grande rivoluzione. Possiamo inoltre notare che i tre nomi dei meccanici francesi si sarebbero dovuti mettere in ordine diverso a voler rispettare quello cronologico. Infatti, Huygens pubblicò le sue ricerche di meccanica[76] prima dell'uscita della fondamentale opera di Newton[77] che, tuttavia, non venne riconosciuta come tale se non dopo la terza edizione del 1729.[78]

EVOLUZIONE DELLA MECCANICA DA GALILEO A LAGRANGE

Abbiamo già accennato al fatto che la prima importante estensione della meccanica di Galileo era stata compiuta da Christiaan Huygens nel suo trattato sugli orologi.[79]

La sua soluzione del problema del pendolo composto, cioè della determinazione della lunghezza di un pendolo semplice che oscilla con lo stesso periodo di uno composto, poggia su un nuovo principio:

Si pendulum est pluribus ponderibus compositum atque est quiete dimissum, partem quamcunque oscillationis integra confecerit, atque inde porro intelligatur pondera ejus singula, relicto communi vinculo, celeritates acquisitas sursum convertere, ac quousque possunt ascendere; hoc facto, centrum gravitatis ex omnibus composita, ad eandem altitudinem reversum erit, quam ante inceptam oscillationem obtinebat.[80]

Come lucida versione di questo principio, possiamo assumere un passo di Lagrange:

---

[75] *Catalogo delle dissertazioni manoscritte dell'Accademia Reale di Scienze e Belle Lettere di Mantova*, a cura di L. Grassi e G. Pradella, Mantova, Accademia Nazionale Virgiliana 1993, p. 140.

[76] CHRISTIAAN HUYGENS, *Horologium oscillatorium sive de motu pendulorum ad horologia aptato demonstratione geometricæ*, Parisiis, F. Muguet 1673.

[77] ISAAC NEWTON, *Philosophiae Naturalis Principia Mathematica*, Londini [Londra], 1687.

[78] ISAAC NEWTON, *The Mathematical Principles of Natural Philosophy*, translated into english by Andrew Motte, in two volumes, Printed by B. Motte, London, 1729.

[79] CHRISTIAAN HUYGENS, *op. cit.*, parte V, 'De vi centrifuga ex motu circulari Theoremata'.

[80] Ivi, parte IV, Propositio IV, p. 98.

[Huygens] invece di cercare di dedurre questa legge dai Principi fondamentali della Meccanica, si accontentò si sostituirvi un Principio indiretto, il quale consiste nell'ipotizzare che se diversi pesi attaccati [...] a un pendolo scendono per sola azione della gravità, e che in un istante qualunque vengono liberati e separati gli uni dagli altri, ognuno di essi, in virtù della velocità acquisita dalla caduta, risalirà ad un'altezza tale che il comune centro di gravità si troverà risalito alla stessa altezza da cui era disceso.[81]

Come dire che, nel caso di un pendolo costituito da diverse masse, indipendentemente dalle variazioni reciprocamente apportate dalle masse ai rispettivi moti, le velocità acquistate nel moto di discesa del pendolo possono essere solamente tali che il centro di gravità delle masse possa risalire esattamente alla stessa altezza da cui è disceso. E ciò vale sia che le masse restino vincolate tra loro, sia che i vincoli vengano tolti. Di questo principio Huygens si serve per determinare la lunghezza del pendolo semplice che ha lo stesso periodo del pendolo composto; ma il suo significato è ben più ampio, in quanto è il primo enunciato del teorema delle forze vive. Se consideriamo un sistema di masse che vengono lasciate cadere da diverse altezze, vi è una relazione che vale indipendentemente dalle masse e dalle altezze di caduta:

$$g \sum m_i h_i = \sum \frac{1}{2} m_i u_i^2 \qquad (1)$$

dove m_i indica la massa generica, h_i l'altezza di caduta e u_i la velocità raggiunta.[82]

È noto che la quantità che compare al secondo membro della (1) è stata indicata fino alla metà dell'Ottocento con il termine di 'forza viva' del sistema di masse.

Il principio detto 'di minima azione' fu enunciato da Maupertuis nel 1744 nei termini seguenti:

Allorché si verifica un qualche cambiamento in natura, la quantità d'azione necessaria al cambiamento è la più piccola possibile. La quantità d'azione è il prodotto della massa dei corpi per la loro velocità e per lo spazio percorso. Allorché un corpo viene trasportato da un luogo ad un altro, l'azione è tanto maggiore quanto più grande è la massa, più alta la velocità e più lungo lo spostamento.[83]

Nonostante l'Autore ne avesse dedotto le leggi della riflessione e della rifrazione della luce, e anche quelle dell'urto dei corpi, l'enunciato del principio di minima azione rimaneva piuttosto vago – tanto che venne interpretato in modo diverso dal suo stesso autore – tuttavia si rivelò molto fecondo, rappresentando uno stimolo per le ricerche di Eulero. Questi procedette, in maniera molto più rigorosa di Maupertuis, alla ricerca di un'espressione, la cui variazione, uguagliata

---

[81] Ivi, Seconde Partie, p. 172.

[82] ERNST MACH, *Die Mechanic*, 1883, ed. italiana *La meccanica nel suo sviluppo storico-critico*, Torino, Boringhieri 1968, p. 198.

[83] PIERRE-LOUIS MOREAU DE MAUPERTUIS, *Les lois du mouvement et du repos déduites d'un principe méthaphysique*, in «Historie Academie Royale des Sciences et Belles Lettres», Paris, 1746.

a zero, fornisse le note equazioni della meccanica. Per un solo corpo, in moto sotto l'azione di forze, Eulero individuò l'espressione cercata nella

$$\int u \, ds \qquad (2)$$

nella quale ds indica lo spostamento infinitesimo ed u la velocità istantanea.[84]

Per la traiettoria effettivamente percorsa dal corpo, l'espressione (2) è minore che per ogni altra traiettoria pur infinitamente contigua, purché con gli stessi estremi.

Lagrange riprese il principio di Maupertuis, chiarendo che il teorema elaborato da Eulero vale solo in quei casi in cui è valido anche il teorema delle forze vive, estendendolo ai moti dei corpi che agiscono gli uni sugli altri in una maniera qualsivoglia, e ne ricavò il nuovo principio generale che la somma dei prodotti delle masse per gli integrali delle velocità moltiplicate per gli elementi degli spazi percorsi, è costantemente un massimo o un minimo. Questo è ciò che si intende per 'Principio di minima azione' a partire da Lagrange[85],[86] che ne chiarì l'importanza nel capitolo di introduzione alla dinamica:

Il nome di d'Alembert è legato ad uno dei teoremi più importanti Questo principio, combinato con quello della conservazione delle forze vive, e sviluppato secondo le regole del calcolo delle variazioni, fornisce direttamente tutte le equazioni necessarie per la soluzione di ogni problema; e da questo deriva un metodo ugualmente limpido e generale per la trattazione delle questioni che concernono i movimenti dei corpi; ma questo metodo è esso stesso un corollario di quello che è oggetto della Seconda Parte di quest'opera e che ha, nello stesso tempo, il vantaggio di derivare direttamente dai primi Principi della Meccanica.[87]

della meccanica, che consente di giungere rapidamente alla soluzione di una varietà di problemi. Per illustrarne il significato, seguendo Mach,[88] consideriamo tre masse puntiformi M_1, M_2, M_3, soggette alle forze F_1, F_2, F_3.

[84] LEONHARD EULER, *Methodus inveniendi lineas curvas maximi minimive proprie tate gaudentes, sive solutio problematis isoperimetrici latissimo sensu accepti*, Lausannæ et Genevæ, Marc-Michel Bousquet 1744.

[85] JOSEPH-LOUIS DE LAGRANGE, *Essai d'une nouvelle méthode pour déterminer les maxima et les minima des formules intégrales indéfinie*, «Miscellanea philosophica-mathematica societatis privatae taurinensis», t. II, Turin, 1760-61, pp. 335-362.

[86] ID., *Application de la méthode exposée dans la mémoire prédédente a la solution de différents problèmes de dynamique*, «Miscellanea philosophica-mathematica societatis privatae taurinensis», t. II, Turin, 1760-61, pp. 365-468.

[87] ID., *Méchanique analitique*, cit., p. 189.

[88] ERNST MACH, *op. cit.*, p. 348.

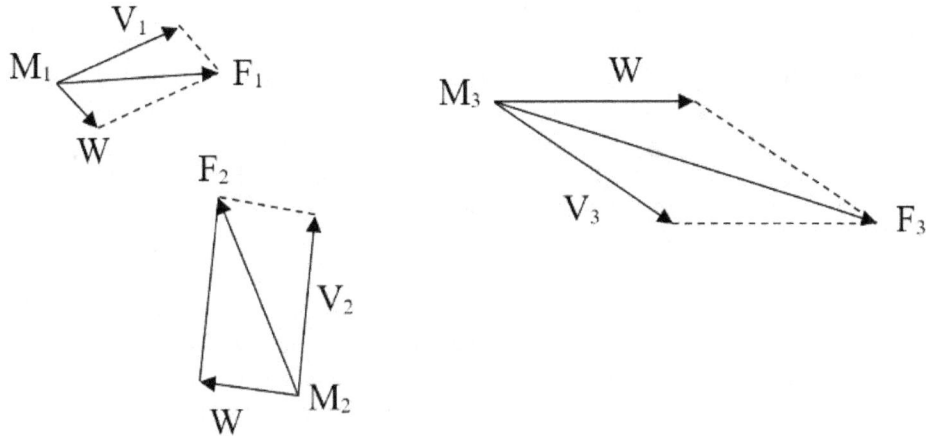

Fig. 18. Illustrazione di Mach del principio di d'Alembert.

Indichiamo con V_1, V_2, V_3 le componenti delle forze dovute ai vincoli e con W_1, W_2, W_3 le forze che producono movimenti effettivi. Le componenti di vincolo V_1, V_2 e V_3 si devono fare equilibrio. In quest'affermazione consiste il teorema di d'Alembert.[89]

L'importanza del principio di d'Alembert deriva dal fatto che riconduce le questioni di dinamica a quelle di statica. Si tratta sostanzialmente di un algoritmo da utilizzare per la soluzione dei problemi dinamici che non ci consente di approfondire la conoscenza dei fenomeni, ma solo di averne una maggiore padronanza pratica.

GENERALITÀ SULLA VITA DI ANTONIO LUDEÑA

Antonio Ludeña (italianizzato in Ludenna) nacque ad Almusafes, in provincia di Valencia, il 23 dicembre 1740 ed entrò nella Compagnia di Gesù nel 1758. Dopo la cacciata dei gesuiti dalla Spagna, per decreto di Carlo III nel 1767, si trasferì in Italia, dove rimase fino alla morte. Si dedicò allo studio della filosofia e della matematica, che fu chiamato ad insegnare all'università di Camerino che godeva allora, oltre che del riconoscimento papale, dal 1753 anche di quello imperiale. Dopo aver trascorso un periodo alla corte di Parma, si trasferì presso il Seminario

[89] JEAN BAPTISTE LE ROND D'ALEMBERT, *Principe général pour trouver le Mouvement de plusiers Corps qui agissent les uns sur les autres d'une manière quelconque, avec plusiurs applications de ce Principe*, Seconde Partie del «Traité de dynamique», Paris, chez David l'aîné 1743.

Vescovile di Cremona dove insegnò fisica e matematica e concluse la sua vita il 1 marzo 1820.[90]

La sua attività pubblicistica era iniziata nel 1783 con un breve trattato sul moto accelerato.[91] Lo stesso anno si fece notare per una vivace polemica, condotta su un settimanale, riguardante la radice quadrata dei numeri negativi.[92]

Nel 1788 il gesuita si adopera per l'ammissione alla Reale Accademia di Mantova. Presso l'archivio dell'Accademia Nazionale Virgiliana è infatti conservato un suo manoscritto inviato nel 1788 e catalogato nella serie delle «dissertazioni spedite per ottenere l'accademicato». Tuttavia, l'opera venne pubblicata, presumibilmente a spese dell'autore, alcuni anni dopo a Venezia, unitamente ad una seconda dissertazione *Sopra il flusso e il Riflusso del Mare*, di cui pure si conserva il manoscritto nella serie delle dissertazioni mensuali.[93]

Dopo aver vinto il concorso indetto dalla Reale Accademia di Mantova nel 1786 per la dissertazione sulle nuove meccaniche[94] di cui ci occupiamo, vi fu ammesso come socio. Alla sua ammissione è probabile non sia stata estranea l'influenza esercitata all'interno dell'Accademia dall'ex gesuita spagnolo Juan Andrès che si era conquistato una posizione di grande prestigio culturale.[95]

Nella sua qualità di membro dell'Accademia, Ludeña lesse la già ricordata dissertazione sulla maree il 9 dicembre del 1789 e partecipò ancora al concorso indetto dall'Accademia nel 1795; ma questa volta per la classe di filosofia.[96]

Di lui si ricorda ancora un manuale di idraulica che avrebbe dovuto essere in due tomi, il secondo dei quali non vide la luce per la scomparsa dell'autore.[97]

---

[90] JUSTO PASTOR FUSTÉR, *Biblioteca Valenciana de lor Escritores que florecieron hasta nuestros dias*, Tomo primero, Valencia, Imprenta y Librerias de José Ximeno 1827, pp. 415-416.

[91] ANTONIO LUDENNA, *De vera, et necessaria motus accelerati theoria, liber singularis*, Camerini, per Vincentium Gori 1783.

[92] ID., *Osservazioni di un professore nella Università di Camerino sopra li riflessioni dell'anonimo esposte nei numeri 22 et 27 del giornale letterario dei Confini d'Italia*, in «Giornale letterario ossia progressi dello spirito umano nelle scienze e nelle arti», 1783. Ripreso in *Anthologia Romana* tomo X, Roma, 1784.

[93] ID., *Due opuscoli matematici dell'abate Antonio Ludenna, Socio della R. Accademia di Mantova, Pubblici Professore di Matematica nell'Università di Camerino*, Venezia, Appresso Giacomo Storti 1793.

[94] ID., *Dissertazione sopra il quesito etc.*, Mantova, Erede Pazzoni 1788.

[95] NICCOLÒ GUASTI, *L'esilio italiano dei gesuiti spagnoli*, Roma, Edizioni di storia e letteratura 2006, p. 235.

[96] LUDENNA ANTONIO, *Dissertazione dell'abate Antonio Ludenna socio della Reale Accademia di Mantova, e publico professore di filosofia, e matematica ... sul quesito filosofico proposto per la seconda volta dall'istessa Reale Accademia per il concorso dell'anno accademico 1795. Cioe in quali materie, dentro a quali circostanze, e sino a qual segno il giudizio del publico si abbia a tenere per un criterio di verita*, Camerino - per Vincenzo Gori stampatore arcivescovile 1797.

[97] ANTONIO LUDENNA, *Vera Idraulica teoria da nessuno finora dimostrata in nulla diversa dalla teoria di gravità e dalla teoria universale della natura che si propone all'esame del pubblico*, Tomo 1°, Cremona, fratelli Manini 1817.

DIFFICOLTÀ INCONTRATE ALL'INTERNO DELL'ACCADEMIA

La nutrita corrispondenza intercorsa fra Antonio Ludeña e Matteo Borsa, (23 lettere indirizzate al segretario, fra il luglio dell'86 e l'ottobre dell'89) è testimonianza delle difficoltà incontrate sul cammino dell'*accessit* e della pubblicazione a cura dell'Accademia. In una delle prime, così Ludeña si confidava con Borsa:

Tuttavia temeva, e da raggione temeva, che questa mia determinazione potesse dispiacere ad alcuni, e che trovasse qualche difficoltà, e qualche ostacolo la mia dissertazione. Per questo motivo con un raziocinio tutto geometrico, e tutto evidente, appoggiato di più al consesso dei più dotti, e profondi Matematici dimostrai la verità del metodo del Galileo, ed aggiunsi quella nota, nella quale indicava alcuni problemi per ambi due metodi risoluti, come richiedevasi dall'Accademia. Questi come altri ancora possono aggiungersi a piacimento della Accademia. Di poi […] di vista il quesito mi interrai nelle teorie della Meccanica; le proposi con tutta la loro ampiezza, indicai i diversi contenuti, e la maniera da tenersi nel computare le forze, e dimostrare le vere e necessarie leggi della Meccanica, e feci palese non quale forze la legge […], come già un tempo il Riccati, ma quale leggi le vere, e necessarie in qualunque ipotesi di movimento. […] ricorrendo alle formole del Galileo dimostrai, che esse erano universalissime, e che in esse si contenevano i veri e necessari principi della Meccanica purche per potenza non s'intenda una quantità costante come aveva detto il Galileo, ma la forza residente in essa la quale può avere differenti importi nelle differenti ipotesi di movimento. In quanto alla oscurità, che in alcuni luoghi ritrovasi, io preggo caldamente lei à volermeli indicare; accioche nel rilegere l'originale […] mirarli con maggior riflessione, correggerli e meterli in un lume maggiore e […] che nella mia dissertazione vi sono alcuni pensieri imperfetti, e toccati di volo, ma che credo dedutti dalle teorie. Pure gli ho voluto occasione per sapere il giudizio della Accademia per vie piu assicurarmi della giustezza delle mie idee. Attendo per tanto la saggia animadversione della Accademia per ubidirla pienamente nella […] richiesta e la preggo a dirmi se deva scrivere direttamente alla Accademia per ringraziarla del suo onorevole giudizio […].[98]

Che la versione stampata sia stata il risultato di importanti aggiunte e rielaborazioni è reso palese dal confronto con il manoscritto originale della dissertazione conservato nell'archivio dell'Accademia, che presenta un testo notevolmente ridotto rispetto all'edizione finale.

Ciò che si può dire è che si tratta di un testo che presenta, per il frequentatore di monografie scientifiche settecentesche, diversi motivi di interesse. Prima di tutto è testimonianza che il progressi che si ebbero nella seconda metà del secolo nella meccanica e nell'analisi, specialmente intorno alle accademie di Parigi e di

---

[98] Lettera di Antonio Ludenna a Matteo Borsa, Camerino, 13 agosto 1787, Archivio Accademia Virgiliana, Busta 10, Serie Lettere di Accademici illustri,.

Berlino, avevano provocato il distacco di gran parte di quella scienza che Kuhn definisce «normale».[99]

Era cioè giunto a maturazione il grande processo culturale e sociale che avrebbe, nel secolo successivo, portato alla formazione di un vero e, proprio ceto degli scienziati, depositari di un sapere dal quale sono esclusi i non-specialisti. Solo vent' anni prima Ruggero Boscovich, un altro gesuita, anch'egli socio della Reale Accademia di Mantova, aveva pubblicato (a Londra) uno sterminato poema in esametri latini sulla meccanica celeste.[100]

Mentre Eulero e Lagrange erano impegnati nell'elaborazione di nuovi paradigmi (nuovi rispetto al newtoniano) che conferissero alla meccanica una struttura matematica semplice e coerente, un'intera classe di intellettuali cercava disperatamente di difendere il vecchio *status* di depositari di tutte le culture. Non è privo di significato il fatto che, proprio negli anni in cui venne coronata e pubblicata la dissertazione, Juan Andrès, altro gesuita conterraneo di Ludeña, trapiantato a Mantova, lavorasse ad un'opera ciclopica dedicata alla *Storia di ogni letteratura*,[101] dove è necessario osservare che il termine 'letteratura' sta ad indicare ciò che oggi chiameremmo 'cultura'. Dei sei volumi dell'opera, due sono dedicati alle scienze della natura.[102]

Potremmo considerare un'ironia della storia il fatto che, proprio negli anni in cui l'illuminismo coltivava il progetto di un sapere enciclopedico, si andasse, al contrario, consumando una separazione dei saperi che si è progressivamente aggravata fino a divenire una delle caratteristiche della modernità.

LA DISSERTAZIONE INCORONATA

La dissertazione presentata al concorso non era un lavoro completamente nuovo; infatti, gran parte delle argomentazioni erano già state esposte nel saggio sul moto accelerato, pubblicato a Camerino l'anno precedente.[103]

Era questo un lavoro realizzato sulla falsariga dei newtoniani *Principia*, sia nel linguaggio espositivo (il latino) che in quello matematico. Abbiamo osservato infatti (e Lagrange ce lo ricordava) che Newton, in tutte le sue dimostrazioni, ha utilizzato un procedimento rigorosamente geometrico, reso più facile dall'utilizzo

---

[99] THOMAS S. KUHN, *The Structure of Scientific Revolution*, Cap. III, Chicago, The University of Chicago 1962.

[100] RUDER JOSIP BOSKOVICH, *De solis ac lunae defectibus libri V: ibidem autem et astronomiae sinopsi, et theoria luminis Newtoniana, et alia multa ad physicam pertinentia, versibus pertractantur*, Londini, Apud Andream Millar et R. et J. Dodsleios 1760.

[101] GIOVANNI ANDRÈS, *Dell'origine, progressi e stato attuale d'ogni letteratura*, Parma, Stamperia Reale 1782-99.

[102] ID., *Storia d'ogni matematica*, breviata e annotata per Alessio Narbone, Palermo, Stamperia Giovanni Pedona 1840.

[103] ANTONIO LUDENNA, *De vera, et necessaria motus accelerati theoria*, cit.

delle proporzioni. E questo è ciò che fa Ludeña nei due saggi, con la differenza che la *Dissertazione* è in italiano. Sul piano del linguaggio matematico è da rilevare che, nella dissertazione di Mantova, Ludeña, accanto a quelle geometriche, fa anche spesso ricorso alle procedure del calcolo infinitesimale, anche se talvolta appaiono introdotte quasi al solo fine di conferire un tono di modernità alle sue argomentazioni. Di fatto, non si spinge oltre qualche integrale elementare. Per quanto riguarda la meccanica, il solo tema che affronta è quello relativo al teorema delle forze vive, dimostrando che è in accordo con quella che attualmente va sotto il nome di 'seconda legge di Newton' – e che lui associa cocciutamente a Galileo – solo quando lo spostamento ha la stessa direzione della forza. Ma nulla può dare un'idea del modo di argomentare di Ludeña meglio di un paio di esempi.

IL PENDOLO COMPOSTO

Ne forniamo dapprima una trattazione in termini moderni. Sia un'asta FC di massa nulla, incernierata in C e due masse n ed m fissate sull'asta alle distanze D e d da C.

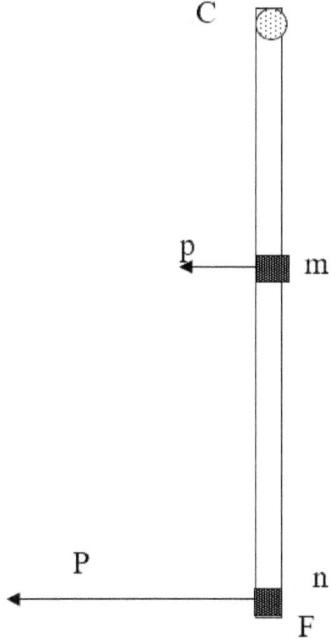

Fig. 19. Il pendolo composto.

Sulle due masse agiscano, per un tempuscolo dt, le forze p e P.
Il comportamento dinamico dell'asta è determinato dal momento delle forze applicate (rispetto al fulcro C)

$$\tau = p\,x + PX \qquad (3)$$

e dal momento d'inerzia (rispetto allo stesso)

$$I = m\,x^2 + n\,X^2 \qquad (4)$$

L'accelerazione angolare è data da

$$\frac{d\omega}{dt} = \frac{\tau}{I} = \frac{p\,x + PX}{m\,x^2 + n\,X^2} \qquad (5)$$

Se le due masse fossero riunite in uno stesso punto dell'asta e le due forze applicate nello stesso (a distanza H dal fulcro), l'accelerazione sarebbe

$$\frac{d\Omega}{dt} = \frac{(p + P)H}{(m + n)H^2} \qquad (6)$$

Le due accelerazioni sono uguali a condizione che

$$H = \frac{p + P}{m + n}\,\frac{m\,x^2 + n\,X^2}{p\,x + PX} \qquad (7)$$

Questa è l'espressione della lunghezza equivalente del pendolo composto, che risale ad Huygens.

Vedremo come Ludeña arriva alla stessa espressione. Più interessante è vedere come mostra si possa arrivare allo stesso risultato utilizzando il principio di Huygens: «Lo stesso Problema può risolversi pel metodo dell'Ugenio, detto fondamentale dal Riccati, o delle azioni.». E qui calchiamo le orme dell'autore.

Indicati con dX e dx gli spostamenti infinitesimi delle due masse, per il principio di Huygens, sarà

$$P\,dX + p\,dx = m\,u\,du + n\,c\,dc \qquad (8)$$

dove u e c indicano le velocità di m ed n, rispettivamente. Indicata con $d\theta$ la rotazione infinitesima, l'equazione diventa

$$P\,X\,d\theta + p\,x\,d\theta = m\,\omega\,X^2\,d\omega + n\,\omega\,x^2\,d\omega \qquad (9)$$

essendo ω la velocità angolare. Se ne ricava

$$\omega\,\frac{d\omega}{d\theta} = \frac{PX + px}{m\,x^2 + n\,X^2} \qquad (10)$$

«la qual formola non differisce dall'antecedente (5), dimostrata col metodo del Galileo.»

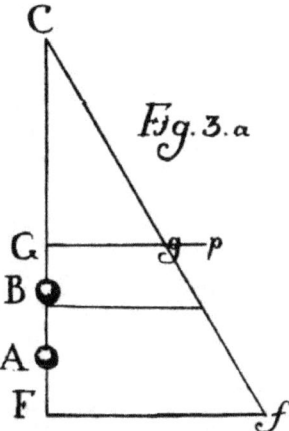

Fig. 20. Il pendolo composto (dalla *Dissertazione* di Ludenna)

Solo che, nel ricavare la (5), il Ludeña è costretto a barare.

Facendo riferimento alla figura riportata nell'edizione a stampa, stabilito che *c* indichi la velocità della massa *m* ed *u* quella della massa *n*, Ludeña introduce la relazione

$$dc = \frac{CB}{CA}\, du \qquad (11)$$

che è l'opposto di quella corretta.

PIANI DIVERSAMENTE INCLINATI

Abbiamo detto che la tesi di fondo di Ludeña è che l'assioma della proporzionalità fra la forza e l'accelerazione, valga solamente quando la forza agisce nella stessa direzione della traiettoria. E per chiarire la cosa, prende l'esempio di un punto che percorra una curva di moto uniforme, allo scopo di dimostrare che la proiezione di questo moto in una qualunque direzione è un moto accelerato.

Per mettere sugli occhi di tutti questa verità, base e fondamento della Meccanica, ed unico, e fecondissimo principio della natura, prendasi un corpo, il quale si muova equabilmente per una retta, o curva qualunque (Fig. 7). Nessuna potenza si supponga applicata contro di esso, e si misuri la sua velocità per le distanze da un dato piano di posizione. Chiamisi la

111

costante velocità del corpo V, quella con cui si avvicina alla linea data di posizione u, ed il suo incremento du.

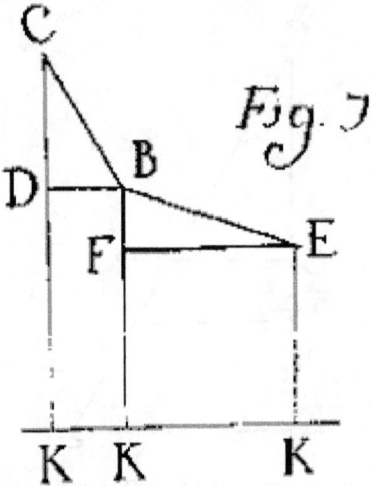

Fig. 21. Due elementi di piani diversamente inclinati (dalla *Dissertazione* di Ludenna).

Siano quindi CB e BE due tratti elementari della traiettoria del punto. Posto *CB* = *ds* = *V dt* e *CD* = *u dt*, basandosi su considerazioni geometriche, Ludeña perviene al risultato

$$\frac{du}{u} = \frac{d^2 y}{dy} - \frac{d^2 s}{ds} \qquad (12)$$

sul quale non ci soffermeremo. Non possiamo tuttavia evitare di osservare che l'errore dell'autore è quello stesso di Galileo, quando, nella *Giornata Terza* dei *Dialoghi*, trascura il fatto che su una traiettoria spezzata, la velocità non si può conservare.[104]

MOTO CIRCOLARE E LEGGI DI KEPLERO

Ma Ludeña non si ferma qui, e vuole dare un esempio di natura più fisica. Prende quindi in considerazione un corpo in moto su una circonferenza sotto l'azione di una forza che ha il centro in un punto fisso sulla stessa, in figura il punto C.

---

[104] GALILEO GALILEI, *Discorsi e dimostrazioni matematiche intorno a due nuove scienze*, a cura di A. Carugo e L. Geymonat, Torino, Boringhieri 1958, p. 226.

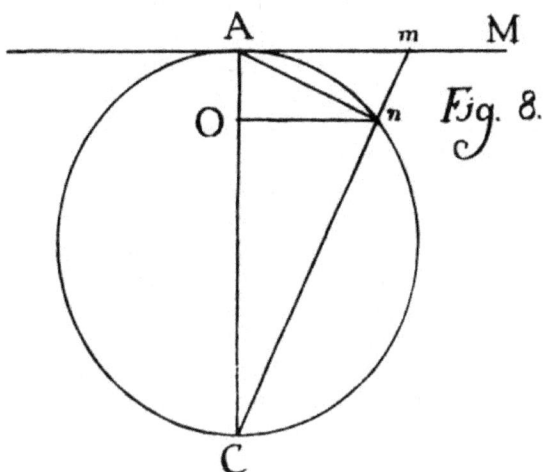

Fig. 22. Spostamento elementare nel moto circolare (dalla Dissertazione di Ludenna).

Giunto il corpo nel punto A, diametralmente opposto a C, per il principio d'inerzia, proseguirebbe sulla tangente AM; ma, per azione della forza, viene riportato sulla circonferenza. $Am = u\,dt$, in figura, rappresenta uno spostamento infinitesimo compiuto nel tempuscolo dt. Partendo dall'assioma di Newton

$$f\,dt = m\,du \qquad (13)$$

nell'ipotesi che la forza vari come il rapporto $\frac{Ao}{Am}$, dopo alcuni passaggi molto oscuri, arriva a concludere che

$$p\,r = \frac{1}{2}m\,u^2 \qquad (14)$$

dove p è la forza agente in A verso C ed r il raggio del cerchio. In modo altrettanto fortunoso arriva alla conclusione che

$$t^3 \propto r^2 \qquad (15)$$

«i cubi dei tempi saranno come il quadrato dello spazio»[105]
    Osserva che

Questa legge similmente dimostrata dal *Newton* nella stessa ipotesi, si osserva nei corpi celesti, e tutti gli Astronomi ammaestrati dalle osservazioni celesti convengono in questa

---

[105] ANTONIO LUDENNA, *Dissertazione sopra il quesito etc.*, Mantova, Erede Pazzoni 1788, p. 50.

legge: dunque i corpi celesti descrivono intorno al loro pianeta tanti circoli concentrici, e le azioni delle forze, colle quali sono attratti verso il centro, sono nella ragione inversa dei raggi. Ma questa conseguenza si oppone evidentemente al consenso degli Astronomi tutti dopo il gran *Keplero*, contradice ai fenomeni della natura, ed essa non regge se 'l moto dei pianeti non suppongasi accelerato. In fatti la stessa legge si osserva in un'altra ipotesi ben differente, e presupposte le forze di diverso genere. Il *Newton* fu il primo, che ne diede la dimostrazione. Egli supponendo la figura descritta dai pianeti ellittica secondo la ipotesi del gran *Keplero*, e costituita la forza attraente in uno dei fochi della medesima, geometricamente dimostrò crescere, o diminuirsi le forze nella ragione inversa dei quadrati delle distanze; ed i tempi nella sesquiplicata ragione delle medesime. Il Bernoulli, risolvendo l'inverso Problema, dimostrò similmente essere la figura necessariamente ellittica, presupposte le due ipotesi. Io non ripeto le dimostrazioni ricevute da tutti concordemente; rifletto soltanto, che le due leggi nelle due ipotesi dimostrate, quantunque simili in apparenza, sono opposte, e ripugnanti fra loro, né possono fluire da uno stesso principio, e presupposto il medesimo movimento: certamente se il moto planetario è accelerato, e non equabile, ed uniforme, i tempi saranno soltanto nella ragione sesquiplicata dei raggi vettori, presupposta circolare l'orbita dei pianeti, come si è dimostrato [...].[106]

Parole che dimostrano quanto Ludeña fosse lontano sia dal cristallino rigore di Newton che dalla creatività dei grandi meccanici che hanno utilizzato l'analisi infinitesimale come la forma più propria da dare alla scienza che da lui ebbe origine. In particolare dall'ampiezza degli orizzonti di Lagrange che, come abbiamo ricordato, proprio in quell'anno dava alle stampe la sua *Mécanique Analitique*.

IL LESSICO DI LUDENNA

In una dissertazione che vuole essere di carattere scientifico, il lessico utilizzato è fondamentale. In questa prospettiva, ci corre l'obbligo di avvertire il lettore che i termini-chiave utilizzati dall'autore hanno un significato diverso da quello moderno. A questo proposito conviene ricorrere ai fondamentali *Principj della Meccanica* di Vincenzo Riccati del 1772,[107] che sono sicuramente uno dei riferimenti dell'Autore.

Uno dei termini che più ricorrono nel testo del Ludenna è 'potenza'. A questo proposito, Riccati onestamente dichiara:

[...] la quotidiana esperienza dimostra, ch'in natura necessariamente esistono le potenze. Ma qual cosa sono queste potenze, e qual è la natura loro? Io, e tutti i Filosofi, se vogliono usare sincerità, siamo costretti di fare una schietta confessione di non saperlo. Quanto è

---

[106] Ivi, op. cit., p. 52.
[107] VINCENZO RICCATI, *De' principj della Meccanica lettere di Vincenzo Riccati al P. Virgilio Cavina*, Venezia, Coleti 1772.

certa la sua esistenza, altrettanto è oscura la lor natura ed essenza; ne v'ha barlume di speranza di poterla o presto o tardi conoscere.[108]

L'unica possibilità di misurare una potenza è dalla sua 'azione', per definire la quale Riccati fa ricorso all'immagine di un grave appeso ad un filo. Se tronco il filo a cui il grave è sospeso, la potenza (la gravità) agisce con continuità temporale sul corpo, che è costretto a cambiare stato.

La somma e l'aggregato di cotai impulsi si vuol chiamare l'azione di tal potenza; e l'effetto ossia la mutazione di stato non alla potenza, ma all'aggregato de' sui impulsi è proporzionale. Tre quantità per tanto si voglion distinguere, cioè la potenza considerata in se stessa, la qual pressione ancora si suol chiamare; l'azione, che è l'aggregato degli impulsi, onde la potenza spinge il corpo; la quale è in ragion composta della potenza e del numero degli impulsi; e l'effetto, ossia la mutazione di stato, che soffre il corpo, il qual effetto è in proporzione non della potenza, ma della sua azione.[109]

Pertanto, la 'potenza' di Riccati (e di Ludenna) è quella che la moderna meccanica chiama forza e la 'mutazione di stato' si potrebbe identificare con la variazione di velocità. L''azione' gioca nella meccanica di Riccati il ruolo dell'impulso nella meccanica moderna e l'affermazione finale equivale a stabilire che

$$f \, \Delta t \propto \Delta v$$

dove f indica la forza, Δt un intervallo di tempo e Δv la variazione di velocità nel detto intervallo.

Naturalmente, le idee non erano concordi sul fatto che l'azione fosse proporzionale al tempo; molti la ritenevano infatti proporzionale allo spostamento. Scriveva infatti lo stesso Riccati solo vent'anni prima:

Due pertanto son le maniere, onde si misurano le azioni: la prima è quella de' Cartesiani, i quali le vogliono proporzionali alle potenze, ed ai tempi, in cui si esercitano; la seconda è quella dei Leibniziani, i quali avvisano esser l'azioni proporzionali alle potenze, ed agli spazj per cui si esercitano.[110]

---

[108] Ivi, Lettera I, p. 8.

[109] Ivi, Lettera III, p. 13.

[110] VINCENZO RICCATI, *Dialogo di Vincenzo Riccati della compagnia di Gesù dove ne' congressi di più giornate delle forze vive e dell'azioni delle forze morte si tien discorso*, Giornata Settima, Bologna, nella stamperia di Lelio dalla Volpe 1749, p. 221.

Ludenna e un errore di Galileo

Il nucleo della *Dissertazione* di Ludenna è una questione meccanica che ha la sua radice in un errore di Galileo (e fatto proprio da Huygens) e che coinvolse alcuni degli scienziati più importanti del suo secolo e del successivo, fino alla metà del XIX.[111]

Nella *Giornata Terza* dei *Dialoghi*, a proposito del moto di caduta lungo un piano inclinato, Galileo dimostra il THEOREMA XI. PROPOSITIO XI., che afferma che la velocità raggiunta nella discesa lungo i piani inclinati AC e CD è uguale alla velocità raggiunta scendendo lungo il piano inclinato AB.[112]

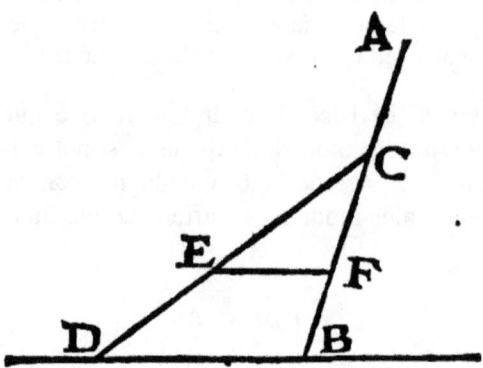

Fig. 23. Illustrazione che accompagna il THEOREMA XI (da *Opere di Galileo Galilei, Tomo Terzo*, Appresso Giovanni Manfré, Padova, 1744, p. 144)

Il teorema venne ripreso da Huygens come Propositio VIII della Parte II – De descensu gravium – della sua opera più famosa dedicata agli orologi.[113]

La detta proposizione afferma che:

Se da una data altezza discende un mobile di moto continuo per vari piani contigui diversamente inclinati; alla fine acquisterà sempre la stessa velocità, che non sarà diversa da quella che acquisterebbe cadendo lungo la verticale per una stessa altezza.

---

[111] PAOLO VOLPICELLI, *Del moto rettilineo lungo un sistema di piani diversamente inclinati e contigui*, Roma, Tip. delle Belle Arti 1860.

[112] GALILEO GALILEI, *Discorsi e dimostrazioni matematiche intorno a due nuove scienze*, a cura di A. Carugo e L. Geymonat, cit., p. 225.

[113] H. CHRISTIAAN HUYGENS, *Horologium Oscillatorium, sive de motu pendulo rum ad horologia aptato*, Parigi, F. Muguet 1673.

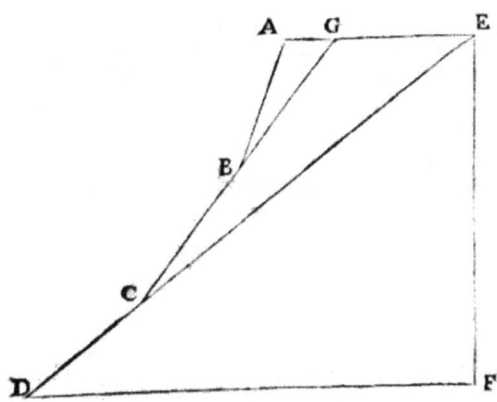

Fig. 24. Illustrazione della Propositio VIII (da C. Huygens, *Horologium Oscillatorium*, 1673)

L'enunciato di Huygens esplicita quello di Galileo, al quale è esattamente equivalente.

La proposizione di Galileo, adottata da Huygens è, evidentemente, un paralogismo, come si può mettere facilmente in evidenza, adottando le forme proprie del calcolo vettoriale elementare.

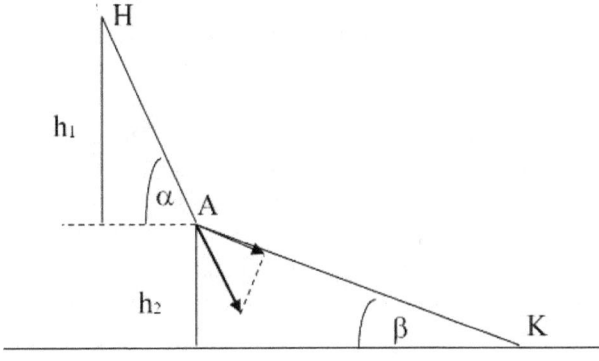

Fig. 25. Due piani contigui di diversa inclinazione.

In figura 25, HA e AK sono due piani diversamente inclinati sull'orizzontale. Un grave che, partendo da fermo, scenda lungo il piano HA (esclusi gli attriti) raggiunge la velocità

$$v_A = \sqrt{2g\,h_1} \qquad (16)$$

Giunto nel punto di raccordo A tra i due piani, della velocità acquisita conserva solo la componente nella direzione del secondo piano AK, cioè

$$v_A \cos(\alpha - \beta) \qquad (17)$$

La velocità v_K raggiunta al termine del secondo tratto è tale che

$$v_K^2 = [v_A \cos(\alpha - \beta)]^2 + 2g\, h_2 \qquad (18)$$

ovvero

$$v_K^2 = 2g\, h_1[\cos(\alpha - \beta)]^2 + 2g\, h_2 \qquad (19)$$

Per contro, la velocità raggiunta in una caduta verticale dalla stessa altezza sarebbe tale che

$$v_\downarrow^2 = 2g\,(h_1 + h_2) \qquad (20)$$

che è maggiore della precedente. Pertanto, possiamo riconoscere come falsa l'affermazione di Galileo e Huygens che la velocità raggiunta nella discesa attraverso una serie di piani diversamente inclinati sia uguale a quella raggiunta nella discesa su un unico piano inclinato, a parità di dislivello. D'altra parte, una curva continua che raccordi i due livelli si può pensare come configurazione limite di una serie di tratti diversamente inclinati (ed è proprio ciò che sostiene Galileo) e questo introduce una antinomia nella sua argomentazione.

Il primo a rendersi conto dell'errore fu il gesuita francese Pierre de Varignon (1654 – 1722). Il 31 dicembre del 1693 presentò all' *Académie Royale* una memoria dal titolo *Sui gravi che scendono o risalgono per piani inclinati contigui*.[114]

La questione venne ripresa da Madame du Chatelet[115] e, dopo più di trent'anni, dal barnabita Paolo Frisi nel suo manuale per allievi di Architettura e Ingegneria.[116]

Già lo stesso Varignon aveva ripreso e approfondito le sue considerazioni in una memoria del 1704, dal titolo: *Maniera di calcolare le velocità dei corpi che percorrono linee curve, ecc.*[117] giungendo alla conclusione che la perdita di

---

[114] PIERRE DE VARIGNON, *Des poids qui tombent ou qui montent le long de plusieurs plans contigus*, in «Memoires de l'Academie Royale des Sciences depuis 1666. jusqu'à 1699», Paris, 1730, pp. 438-444.

[115] GABRIELLE ÉMILIE DU CHÂTELET, *Institutions de Physique*, Paris, 1740. Trad italiana: *Istituzioni di fisica di Madama la Marchesa di du Chastellet indiritte al suo figliuolo*, Venezia, presso Giambattista Pasquali 1743, Cap. XVII.

[116] PAOLO FRISI, Istituzioni di Meccanica, d' Idrostatica, d' Idrometria e dell'Architettura Statica, e Idraulica ad uso della Regia Scuola eretta in Milano per gli Architetti, e per gli Ingegneri, Milano, appresso Giuseppe Galeazzi Regio stampatore 1777.

[117] PIERRE DE VARIGNON, *Manière de discerner les vitesses des corps mûs en lignes corbe, ecc.*, in «Histoire de l'Académie Royale des Sciences, année 1704», Paris, pp. 286-306.

velocità nel punto di raccordo dei due piani di diversa pendenza che, con il simbolismo attualmente in uso scriveremmo

$$\Delta(v) = \frac{1}{2} \, v \, sin^2(\Delta\theta) \qquad (21)$$

è un infinitesimo del secondo ordine del mutamento di pendenza o - rubando il termine a Varignon - è un *differenzio-differenziale* rispetto a $\Delta\theta$.

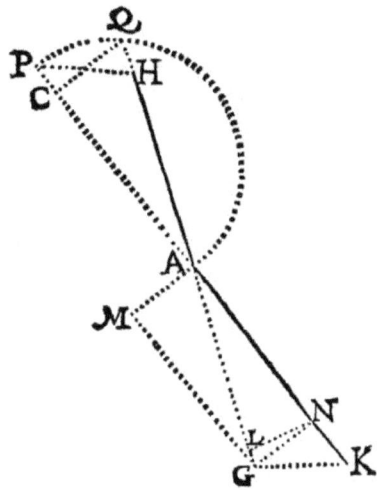

Fig. 26. Discesa di un grave sui piani inclinati HA e AK. (da P. Varignon, op. cit., p. 291)

Una vicenda che mette in luce l'importanza del ruolo che lo sviluppo del calcolo infinitesimale e vettoriale ha giocato nella sistemazione rigorosa della meccanica. La *Dissertazione* di Ludenna mostra la difficoltà che trova a muoversi su un terreno che è di transizione fra quello dell'utilizzo del puro linguaggio della geometria euclidea – tanto caro a Newton, fondatore del calcolo sublime – e quello dell'analisi matematica che, proprio in quegli anni si affermava con le opere di Lagrange, Laplace, Euler e D'Alembert.

APPENDICE - ESAME DI ALCUNI DEI PROBLEMI PROPOSTI

PROBLEMA I

Data la forza centripeta variabile in qualunque ragione moltiplicata o diretta o inversa delle distanze ad un centro, determinare la velocità del corpo.

Corrisponde al problema posto da Riccati nella lettera X dei *Principi della Meccanica*.[118]

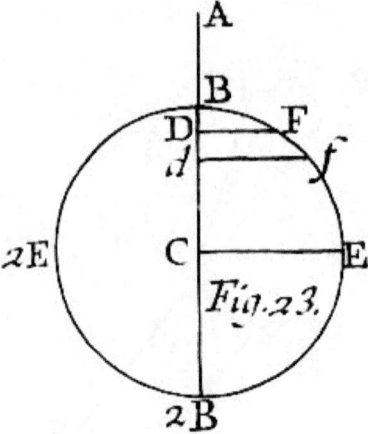

Fig. 27. Illustrazione da V. Riccati, *De' principi della Meccanica*, Venezia, 1772.

Oggi lo si enuncerebbe nei termini seguenti:

Su una retta sia un corpo di massa m soggetto ad una forza elastica di richiamo, nulla nel punto C e che ha l'intensità p nel punto A, posto a distanza a dal centro C. Poniamo che il corpo parta da fermo dal punto B a distanza b da C. Determinare la relazione fra la velocità del corpo e la sua distanza dal centro C.

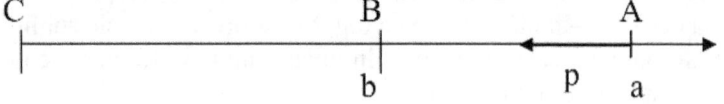

La relazione fra la forza e la distanza è data da

$$p(s) = -p\,\frac{s}{a} \qquad (22)$$

Il principio di Riccati stabilisce che

---

[118] VINCENZO RICCATI, *De' principi della Meccanica lettere di Vincenzo Riccati*, cit.

$$p(s)\,ds = m\,u\,du \qquad (23)$$

che possiamo integrare

$$-\int_b^s p\,\frac{s}{a}\,ds = \int_0^u m\,u\,du \qquad (24)$$

e quindi

$$\frac{1}{2}\frac{p}{a}(b^2 - s^2) = \frac{1}{2}\,mu^2. \qquad (25)$$

e infine

$$u = -\sqrt{\frac{p}{ma}}\,\sqrt{b^2 - s^2}. \qquad (26)$$

Se poi cerchiamo la relazione fra la posizione i tempo,

$$\frac{ds}{\sqrt{b^2 - s^2}} = -\sqrt{\frac{p}{ma}}\,dt \qquad (27)$$

e integrando di nuovo

$$\int_b^s \frac{ds}{\sqrt{b^2 - s^2}} = -\int_0^t \sqrt{\frac{p}{ma}}\,dt \qquad (28)$$

da cui

$$\frac{\pi}{2} - arcsin\frac{s}{b} = \sqrt{\frac{p}{ma}}\,t \qquad (29)$$

Questa, per s = 0, produce

$$t(0) = \frac{\pi}{2}\sqrt{\frac{ma}{p}} \qquad (30)$$

dove non compare la distanza b di partenza.

E resta così comprovato – dice Riccati – il famoso principio dell'isocronismo, che se un mobile sia animato da potenze, che tengono la ragion diretta delle distanze dal centro, arriverà nello stesso tempo al medesimo centro, da qualunque punto egli parta.[119]

PROBLEMI II, III E IV

Data la forza crescente in qualunque ragione inversa delle distanze, ritrovar il rapporto del tempo allo spazietto d'accrescimento.

PROBLEMA III

Data la forza centripeta variabile in qualunque ragione moltiplicata, e inversa delle distanze, ritrovare la legge delle velocità per lo spazio intiero trascorso.

PROBLEMA IV

Nella stessa ipotesi delle forze centripete ritrovare la legge del tempo per lo spazio descritto dal corpo.

Per n = 2, si i tratta del classico (per noi) caso gravitazionale. Nei simboli adottati da Ludenna:

$$F = p\,\frac{a^2}{s^2} \qquad (31)$$

Se il corpo è fermo alla distanza b, per la conservazione dell'energia, alla distanza s sarà

$$pa^2 \left(\frac{1}{s} - \frac{1}{b}\right) = \frac{1}{2}\,m\,u^2 \qquad (32)$$

e quindi

$$u = \sqrt{\frac{2pa^2}{m}}\,\sqrt{\frac{1}{s} - \frac{1}{b}} \qquad (33)$$

Da questa

$$\frac{ds}{\sqrt{\dfrac{1}{s} - \dfrac{1}{b}}} = \sqrt{\frac{2pa^2}{m}}\,dt \qquad (34)$$

---

[119] Ivi, Lettera X, p. 52.

da integrare fra b ed s. Non di tratta propriamente di un integrale immediato. Intanto, viene naturale porre

$$\frac{1}{s} = X \qquad \frac{1}{b} = B \qquad (35)$$

con il che

$$ds = -\frac{dX}{X^2} \qquad (36)$$

Si arriva quindi a

$$\int_B^X \frac{dX}{X^2\sqrt{X-B}} = \sqrt{\frac{2pa^2}{m}} \; T \qquad (37)$$

dove T è il tempo di caduta. L'integrale è integrabile:

$$\left. \frac{\sqrt{X-D}}{DX} + \frac{1}{D\sqrt{D}}\arctan\sqrt{\frac{X-D}{D}} \right|_D^1 = \sqrt{2\frac{g}{R}} \; T \qquad (38)$$

cioè

$$\frac{\sqrt{X-B}}{BX} + \frac{1}{B\sqrt{B}}\arctan\sqrt{\frac{X-B}{B}} = \sqrt{\frac{2pa^2}{m}} \; T \qquad (39)$$

e infine

$$\sqrt{\frac{d}{R}\left(\frac{d}{R}-1\right)} + \sqrt{\left(\frac{d}{R}\right)^3}\arctan\sqrt{\frac{d}{R}-1} = \sqrt{2\frac{g}{R}} \; T. \qquad (40)$$

DISSERTAZIONE

SOPRA IL QUESITO

I. ESPRIMERE L' IMMEDIATA CONNESSIONE, CHE I PRINCIPI INTRO-
DOTTI NELLA MECCANICA SUBLIME, COME QUELLI DI MAUPER-
TUIS, D'UGENIO, E DI D'ALEMBERT, HANNO CO'PRINCIPI DELLA
MECCANICA ELEMENTARE: CIOÈ COLLE FORMOLE GALILEANE.

II. CON OPPORTUNE APPLICAZIONI FAR VEDERE, CHE LA MECCANICA
SENZA QUE' NUOVI PRINCIPI PUO' FACILMENTE PROCEDERE ALLA
SOLUZIONE DI QUE' SUBLIMI PROBLEMI, CHE PER MEZZO LORO
FURONO SCIOLTI, O SI POSSONO SCIOGLIERE.

PRESENTATA

AL CONCORSO DELL' ANNO MDCCLXXXVI.

E QUALIFICATA COLL' *ACCESSIT*

DALLA REALE ACCADEMIA DI SCIENZE
E BELLE LETTERE DI MANTOVA.

IN MANTOVA MDCCLXXXVIII.

Per l'Erede di Alberto Bazzoni, Regio-Ducale Stampatore
CON LICENZA DE' SUPERIORI.

DISSERTAZIONE

SOPRA IL QUESITO

I. Esprimere l'immediata connessione, che i principj introdotti nella Meccanica sublime, come quelli di Maupertuis, d'Ugenio, e di d'Alembert, hanno co' principj della Meccanica elementare, cioè colle formole Galileiane.

II. Con opportune applicazioni far vedere, che la Meccanica senza que' nuovi principj può facilmente procedere alla soluzione di que' sublimi problemi, che per mezzo loro furono sciolti, o si possono sciogliere

PRESENTATA
AL CONCORSO DELL'ANNO MDCCLXXXVI

E QUALIFICATA COLL' *ACCESSIT*

DALLA REALE ACCADEMIA DI SCIENZE
E BELLE LETTERE DI MANTOVA.

IN MANTOVA MDCCLXXXVIII

Per l'erede di Alberto Pazzoni, Regio-Ducale Stampatore
CON LICENZA DE' SUPERIORI.

Semper assiduo motu res quæque feruntur;
Perstat at æternis æquatus legibus Orbis.

1. Galileo Galilei quell'uomo sommo, ed immortale fu il primo che innalzatosi sopra le idee de' secoli, che lo precedettero, osò con incredibile ardire aprirsi una strada tutta nuova, e non mai calcata dai Matematici, e fondare la vasta ed immensa scienza della natura. I Matematici prima di lui, o atterriti dalle difficoltà, che loro si opponevano, o ottenebrata la mente dai pregiudizi, niente insegnarono intorno al moto de' corpi, e resero più inviluppata, e confusa la teoria, quanto più si studiarono di presentarne la vera idea. Alcune poche proposizioni di *Archimede*, e di *Pappo* intorno all'equilibrio de' corpi formarono tutto il codice della Meccanica, e della Statica degli antichi. La ragione dell'uomo sempre attiva, e sempre feconda stette quasi immobile, seppellita nell'ozio per lo spazio di trenta secoli, e framischiata, e confusa coll'inerzia del corpo che la circondava, non fece moto veruno, e ripetendoci sempre le medesime idee, non poté aggiunger loro grado veruno di perfezione. Ma questa rivoluzione felice, e questo quasi direi ingrandimento dell'intelletto umano era riservato per formare, e per compiere il carattere, e la gloria dell'immortale *Galileo*. Egli gettò un'occhiata sopra la vasta e immensa mole della natura, che tutta intiera si affacciò e presentò alla sua vista. Egli la contemplò, comprese tutta la sua estensione illimitata, indefinita, tutta la varietà e molteplicità de' suoi effetti, de' suoi fenomeni, tutto il meraviglioso delle sue leggi; ma riconobbe altresì la sua somma semplicità, congiunta ordine sovrumano e divino ad una varietà e fecondità immensa. Egli afferrò le ultime conseguenze e congiungendole alle prime, fissò i giusti e non mai alterabili principj della natura, fondò, ingrandì e perfezionò la scienza ancor nascente nelle sue mani ed eseguì nell'Italia il piano di letteratura nel medesimo tempo, che il gran *Bacone* appena l'aveva ben concepito in Inghilterra. Le sue formole mille volte combattute, rigettate e neglette da uomini non tanto grandi quanto il *Galileo*, racchiudono i semplici ugualmente, che i fecondi principj della natura. Con esse crebbe e s'ingrandì la da per tutto diffusa e dominante scienza del moto. La Geometria poi applicata dal *Galileo* alla Meccanica produsse quella sorprendente rivoluzione nelle idee, che l'Algebra applicata dal gran *Cartesio* alla Geometria. Ambedue crebbero a lunghi passi e s'ingrandirono a dismisura, e se la Geometria e l'Analisi avesse ricevuto quel medesimo grafo di perfezione che la Meccanica, non vi sarebbe problema meccanico così complicato e difficile che non ricevesse perfettissima soluzione.

2. Pur nondimeno bisogna confessare che in mezzo alla luce noi non vediamo abbastanza, per essere pienamente persuasi e convinti, e che ci manca d'avanzare un passo solo per contemplare e vedere la natura nel suo vero e semplice sì, ma meraviglioso aspetto. Diciamolo pure: la Meccanica è ancor lontana da quel grado di perfezione che ci presagivano tante belle scoperte, le invenzioni di tante profondissime teorie, e la soluzione di tanti non mai tentati, non che soluti problemi. La Geometria applicata con tanto utile e vantaggio alla Meccanica, non

è più quella scienza atta a preservare la ragione dell'uomo dal Pirronismo. Le sue dimostrazioni sovente opposte non persuadono, non convincono, non rischiarano i nostri intelletti, né sovente eccedono i limiti di una ben fondata opinione. In somma la Geometria non è più Geometria, se dalle verità astratte vuol far passaggio, analizzare e dimostrare i misterj della natura.

3. Ma qual ne è l'origine e cagione funesta, che ci tolga il lume e perfezione nel lume, e perfezione medesima, e precipiti nel più cupo e denso caos rutto il brillante splendore della verità e dell'evidenza? Il d'*Alembert* la ripete dall'oscurità ed incertezza de' suoi principj. Imperciocché dati e dimostrati questi, dimostrate l'equazioni meccaniche che racchiudono il rapporto tutto necessariamente esistente fra la causa e l'effetto; le leggi tutte, che da esse fluiscono, le proprietà e qualità delle forze ed i movimenti tutti della natura si dimostrano con l'Analisi e Geometria.[120]

I Meccanici troppo impazienti e solleciti di avanzare teorie, di risolvere nuovi ed insoluti problemi, di aprirsi nuove strade, ed intenti soltanto ad ingrandire ed abbellire il magnifico edifizio, trascurarono la sodezza e stabilità de' suoi fondamenti, e moltiplicando i metodi, i principj, non dimostrarono la connessione, o sconnessione di essi co' principj del *Galileo*, già dimostrati e confermati dall'esperienza.

4. Di più i due metodi abbracciati dai Matematici[121] nel trattare le questioni meccaniche, sono fra loro dissomiglianti ed opposti, né reggono nelle medesime

---

[120] Multiplici e varj sono stati i principj de' Matematici nel dimostrare le teorie della Meccanica. Il Cartesio pretese che la quantità di moto perseverava sempre la stessa. Quello principio si dimostrò falso negli urti de' corpi; e le leggi della comunicazione del moto date dal Cartesio soffrirono qualche cambiamento e mutazione. L'Ugenio nella celebre questione del centro di oscillazione si serve del principio che il centro di gravità di qualunque sistema de' corpi in qualunque maniera discendenti, se le velocità acquistate prendono la direzione all'insù, monta sempre a quell'altezza da cui è disceso in qualunque maniera ascendano i corpi. Questo principio è vero, e senza eccezione è vero, e dimostrasi geometricamente. Il Leibnizio ed il Bernoulli servonsi del principio della conservazione delle forze vive. Un altro ne produsse il Maupertuis, origine di tante dispute nella Repubblica dei matematici, e che seppe impegnare a suo favore la sovrana autorità del gran Federico: ed è che l'azione impiegata nel cangiamento di stato dalla natura è sempre la minima che sia possibile. Io ritrovo qualche oscurità in questo principio, perché può prendersi in sensi differenti. Una medesima velocità, un medesimo cangiamento di stato nella natura può ottenersi da forze di genere differente, e le azioni di tutte queste, quantunque minime supponsansi, non saranno però le minime possibili. Il principio poi sarà vero se altro non si pretenda, se non che le azioni in un minimo tempicello esercitate dalla potenza, siano minime, e che azioni uguali producano nel corpo velocità uguali, che non possono distruggersi ed annichilarsi se non da azioni uguali. Questo principio è certissimo ed universalissimo, da cui tutti traggono la loro origine.

[121] I Matematici massimamente nella teoria de' movimenti indiretti si avvidero, che le leggi del Galileo erano vere soltanto presupposte alcune condizioni. Quindi nacquero due metodi, chiamati da Giovanni Bernoulli diretto il primo, ed il secondo indiretto, perché si computa la forza non avente la stessa direzione del corpo. L'Ugenio nel suo eccellente trattato De Horologio oscillatorio dimostrò, che la forza data per lo spazietto per cui si esercita e si comunica al corpo, era in questo genere di movimenti, come la massa nel quadrato della velocità. In questa legge comprendesi la legge del Maupertuis. Imperocché il prodotto della massa della velocità e dello spazietto trascorso, corrispondente alla minima azione esercitata dalla potenza, è senza dubbio come il quadrato della velocità. Questa legge però detta comunemente legge fondamentale della Meccanica fu prima dal nostro Galileo dimostrata nel piano inclinato: sicché le due celebri leggi contenute ne' due metodi traggono la loro origine, e riconoscono per fondatore e padre, l'immortal Galileo. Egli è vero che produsse questa dimostrazione contro del Caszrco per dimostrare che gli spazi nei gravi cadenti erano come i quadrati delle velocità. Ma queste due leggi sono così opposte e ripugnanti fra loro che non possono in una medesima ipotesi dimostrarsi. Pur non di meno sovente esse si confondono dai Matematici: onde deriva in gran parte la oscurità ed incertezza nei prinipi della

ipotesi, nelle medesime circostanze. Le leggi di moto per ambidue i metodi dimostrati non sono le stesse, anzi si oppongono e distruggono vicendevolmente. E sarà possibile che leggi differenti ed opposte di movimento abbiano una stessa origine e possano fluire da un istesso principio? Imperocché principio metafisico è che forze dello stesso genere ed ordine devono produrre un medesimo movimento ed essere sottoposte alle leggi medesime, e che effetti di genere ed ordine differente né possano comprendersi sotto le stesse leggi né esprimersi per gli stessi elementi. Qualunque dimostrazione che si opponga a questo principio ci deve essere sospetta, né deve racchiudersi nella classe degli umani conoscimenti. Per questo saggio e non commendabile abbastanza deve riputarsi il consiglio della dottissima Accademia nell'invitare i Matematici tutti a ritrattare un simil argomento, e sollecita non meno della perfezione della Meccanica che della gloria del grande Galileo, propone il seguente

PROGRAMMA

«I. Esprimere l'immediata connessione, che i principj introdotti nella Meccanica sublime, come quelli dell'Ugenio, del Maupertuis del d'Alembert, hanno co' principj della meccanica elementare, cioè colle formole del Galileo.
II. Con opportune applicazioni far vedere, che la Meccanica può facilmente procedere alla soluzione di quei sublimi Problemi, che per mezzo loro furono sciolti, o si possono sciogliere»

5. Per penetrare nel più intimo e nascosto della questione, per diradare le tenebre in cui miseramente giacciono involte le più belle teorie, per distinguere il falso dal vero, l'universale dal singolare, l'ipotetico dal necessario, e dimostrare le vere e necessarie leggi della natura, e soddisfare in quanto mi sia possibile le intenzioni e vaste mire della dotta Accademia; io distinguo due generi di movimento, diretto l'uno, l'altro indiretto. A questi due generi riduconsi tutti quanti i movimenti della natura. Ma queste due ipotesi sono fra loro dissimili e ripugnanti: in esse non reggono le medesime leggi del tempo e della velocità, e sono dissomiglianti ed opposte fra loro le dimostrazioni stesse de' Matematici. Se si consideri la natura de' movimenti diretti, le sue regolatrici leggi e fondamentali, si troverà che i tempi, supposta la forza costante, sono come le velocità, che i quadrati dei tempi e delle velocità sono come gli spazj interi trascorsi, e che vi sarà isocronismo se le potenze e i corpi sieno fra loro uguali o reciprocamente come le masse. Ma queste leggi non reggono se dai movimenti diretti si fa passaggio ai movimenti indiretti. I tempi in questa ipotesi non sono come le velocità, né il

---

Meccanica. In appresso però chiameremo questa legge, legge dell'Ugenio, per uniformarci all'espressioni della dotta Accademia

quadrato del tempo e della velocità, come lo spazio intiero trascorso, né vi sarà isocronismo poste le potenze uguali, o reciprocamente come le masse.

6. Per ovviare a questa difficoltà e computare in questa ipotesi le forze generate nei corpi, pensossi tosto alla sostituzione delle forze. Il Galileo fu primo a darne dei saggi ed esempi luminosissimi; ed il metodo chiamato da Giovanni Bernoulli diretto, fu tosto abbracciato e seguito dai Matematici tutti. Oltre questo metodo, un altro ne inventò e produsse il Bernoulli, che poi da Vincenzo Riccati[122] ricevette quasi tutta la perfezione.

Questo metodo, sebbene dissimile in apparenza, pure niente differisce da quello del *Galileo*. Ambidue tendono ad un medesimo fine e convertono in diretti i movimenti indiretti. Tuttavia sono dissimili le quantità sostituite, né si opera nella stessa maniera. Pel metodo del *Galileo* si conserva la massa, la velocità e la sua direzione, cambiasi però la forza generatrice e la direzione della medesima. Tutto all'opposto addiviene nel metodo del *Bernoulli* in cui, conservandosi la forza e la sua direzione, mutasi la massa, la velocità e le direzioni delle medesime. Ambidue questi metodi sono giustissimi e sicuri, né in dubbio possono rivocarsi. Essi sono appoggiati e discendono necessariamente da questo principio statico, cioè che la forza residente tanto nelle potenze, quanto ne' corpi, è variabile, o almeno non si conserva la stessa o, mutate le distanze ad un comune centro, o mutate le inclinazioni dei piani. Quindi se si ricercasse solamente se la Meccanica possa procedere alla soluzione di quei sublimi problemi che, per altro metodo, furono sciolti, o si possono sciogliere, la questione sarebbe decisa, e di poco; o di nessun momento.[123] Imperciocché per consenso universale dei Matematici tutti, il metodo del *Galileo* è per se medesimo spedito, facile e di somma eleganza adorno. Con esso s'incominciò e si portò innanzi la meccanica facoltà. Di questo metodo si servirono i Matematici tutti prima della controversia celebre delle forze vive. Ad esso siamo debitori delle migliori, più utili e più importanti scoperte, e non vi è

---

[122] Infiniti, dice il Riccati, sono i metodi co'quali possono trattarsi e risolversi le questioni meccaniche. Imperciocché non solo può mutarsi la direzione del corpo e della potenza, e la direzione di tutti due, ma ancora per infinite direzioni, conservandosi sempre la medesima quantità di forza. Questo è vero e non può rivocarsi in dubbio da chichesia. Io però domando se in tutte queste possibili ipotesi avrà sempre luogo la legge detta dal Riccati fondamentale della Meccanica e la proporzione trovata da lui fra le masse sostituende. Questo è quesito un poco imbarazzante pel Riccati. Di fatti la sua dimostrazione non regge anche nel moto iniziale se l'angolo formato dalle due direzioni de' corpi non è circolare, o almeno non è né infinitamente più grande né infinitamente più piccolo degli angoli circolari. Altre leggi ed altri rapporti fra le masse avranno luogo e potranno dimostrarsi, se l'angolo formato dalle due direzioni suppongasi infinitamente più grande o infinitamente più piccolo degli angoli circolari. Vedasi la dimostrazione nel Newton lib. 3. De principiis Mathematicis nello Scolio al Lemma II, p. 78. La dimostrazione del Newton non manca, quantunque il raggio osculatore suppongasi minimo o infinito. Imperocché la curvatura delle parabole nel vertice, tolta l'Apolloniana, è di genere ed ordine diverso dalla curvatura circolare. Leggasi il libro 3 dell'istituzioni Analitiche del Riccati cap. 9. Da tuttociò ne deduco che la legge detta fondamentale non è necessaria in tutte le ipotesi possibili dei movimenti indiretti; e che infiniti sono i metodi co' quali possono trattarsi le questioni meccaniche, non perché infinite sono le direzioni per le quali può conservarsi la medesima quantità di forza, come credette il Riccati, ma perché infinite sono le leggi, infiniti i rapporti delle forze nei corpi in tutte quelle possibili direzioni. Noi renderemo sensibile questa verità, dimostrando variabile la forza dei corpi, o mutate le distanze ad un centro, o mutate le inclinazioni dei piani.

[123] Per assicurarsi della giustezza e fecondità del metodo del Galileo basta aprire i libri meccanici, principalmente quelli che vogliono la forza viva come la quantità del moto. Tuttavia daremo in appresso risoluti alcuni problemi pe' due metodi per viepiù rendere palese l'uso e la fecondità.

problema meccanico così complicato e difficile, che per esso non possa ricevere la soluzione. Certamente nessuno mediocremente iniziato nei misterj della Meccanica potrà negare, e nemmeno mettere in dubbio, che per questi due metodi si convertono in diretti i movimenti indiretti. E che cosa più certa, più confermata dagli esperimenti e meno esposta a contradizioni, che in questo genere di movimento hanno sempre luogo le due celebri leggi del *Galileo*?

7. Ma questi due metodi sono i metodi dei Geometri, come dice il *Riccati*, per compiere le loro dimostrazioni, e non già il metodo della natura. Anzi per essi si distrugge la ipotesi de' movimenti indiretti, si toglie il vero conoscimento e della forza generatrice e della molteplicità e varietà delle leggi della natura e s'impediscono i progressi dell'intelletto umano. Per questo motivo l'oggetto e fine principale e primario della dotta Accademia nel proposto Quesito altro non è se non di esaminare la verità e necessità delle leggi, de' metodi e dei principj de' Matematici nel trattare le questioni meccaniche per dimostrare il rapporto e connessione fra essi esistente ed i principj della Meccanica elementare, cioè colle formole del *Galileo*. Per soddisfare ad un tale Quesito, ed eseguire ed a perfezione condurre un sì vasto piano, ricercar di deve se la natura e qualità della forza, origine vera e necessaria delle leggi tutte e teorie della Meccanica, immutabile sia, ed immobile sempre perseveri in qualunque ipotesi di movimento, oppure cangi, mutate le ipotesi e le circostanze particolari: se le leggi di moto in una ipotesi dimostrate, se l'equazioni meccaniche esprimenti il rapporto del tempo e della velocità allo spazio trascorso del corpo immutabili ed invariabili sieno, o più tosto mutabili, non necessarie e dipendenti da circostanze e singolari ipotesi, se una finalmente o molteplici sieno le leggi fondamentali della natura. Se tutte queste verità non possono dimostrarsi e devono per sempre restare seppellite e confuse nell'oblio, non potranno ottenersi giammai le vere e necessarie leggi regolatrici in qualunque ipotesi di movimento, e saranno sempre incerti ed oscuri i principj fondamentali e veri della Meccanica. Da questa oscurità ed incertezza sono nate in Meccanica tante questioni inutili, tante dissensioni, e non mai diffinibili fra i Matematici, tanta diversità di elementi e di formole per esprimere una azione, una quantità medesima, e si è combattuto sempre con opposte dimostrazioni senza avanzare le teorie. La sola questione delle forze vive ci fornisce delle prove le più luminose, le più convincenti. Quante dimostrazioni opposte non si sono prodotte e pubblicate prese dalla medesima ipotesi di movimento! Ma simile questione sarebbe ella insorta giammai a turbare la pace ed armonia fra i Matematici se essi avessero avuto un conoscimento chiaro della forza generatrice del rapporto necessariamente esistente fra il tempo, la velocità e lo spazio per cui si esercita la potenza in qualunque ipotesi di movimento? O insorta, non si sarebbe subito dimostrata e sopita? Ed in vero se la forza producitrice del, moto è costante in qualunque ipotesi di movimento, se la sua azione è inalterabile e debba rappresentarsi con gli stessi elementi, perché non potranno dimostrarsi le medesime leggi? Perché l'equazioni medesime non potranno esprimere la connessione necessariamente esistente fra la causa e l'effetto, tutto il rapporto del

tempo e della velocità allo spazio intiero trascorso dal corpo o a quello per cui si esercita la potenza? Se però le leggi e meccaniche equazioni non persistessero immobilmente nelle due ipotesi di movimento, se tutti i principj dei Matematici sono singolari e dipendenti da condizioni e singolari ipotesi, se gli stessi elementi non possono rappresentare le diverse azioni della potenza nelle due differenti ipotesi, come non si perturberà e cambierà il rapporto della forza generatrice?

8. Il *Riccati*, che più dentro di tutti s'internò nell'analisi del movimento e penetrò nel più intimo e nascosto della natura, riconobbe tutta la forza e robustezza di questo argomento. Fornito ch'egli era d'un acuto, profondo e penetrante ingegno, e premunito di tutti i presidj della Geometria, tentò lo sviluppo e si gloriò di avere finalmente disciolto l'indissolubile nodo. Per riuscirne felicemente egli stabilì che la forza, qualunque fosse la sua natura, non era proporzionale alla potenza, ma all'azione in un dato tempo e per un dato spazio dato dalla medesima: che quest'azione poteva crescere o diminuire; farsi maggiore o minore secondo le differenti circostanze; ma non per questo cangiava natura né apparteneva ad altro genere ed ordine di forze, e che doveva per conseguenza rappresentarsi per una equazione o formula universale e non dipendente da condizioni ed ipotesi singolari. Di tutti questi pregi adorna egli immaginò che fosse la formula degli spazj del *Galileo*. Secondo lui le due ipotesi differenti di movimento erano sottoposte e soggette alla sua legge, e perciò la riguardò come legge costante, immutabile e fondamentale della natura. I metodi dell'*Ugenio*, del *Maupertuis*, *Bernoulli*, *Clairaut* e di altri non erano se non che semplici corollarj di questa legge, ed erano tutti appoggiati e fondati su questo principio, cioè che *i quadrati dei tempi e delle velocità erano come lo spazio per cui si esercita la potenza.*

9. Tutto l'opposto credette egli di aver dimostrato dell'altra legge del *Galileo*. Essa secondo lui non era comune, né universale, e si opponeva alla teoria dei movimenti indiretti, persistendo indiretti. Ma tutta questa dottrina non è contradittoria in se stessa, non si oppone evidentemente ai principj più giusti della ragione e deella Meccanica? Possibile che la formula degli spazj possa verificarsi ed ottenersi nei movimenti indiretti, non meno che nei diretti, e non possa quella dei tempi? Non è dessa la formula medesima dei tempi moltiplicata per la velocità? E potrà concepirsi che gli elementi compresi nella formula degli spazj possano esprimere l'azione della potenza in qualunque ipotesi di movimento, senza che i tempi in quella ipotesi seguano la ragione semplice della velocità?

10. Tuttavia la dottrina del *Riccati* fu abbracciata e seguita, sebbene ripudiaronsi le conseguenze dedotte. Il *d'Alembert* dimostrò similmente essere soltanto vera nei movimenti diretti la formula dei tempi del *Galileo* e che si opponeva alla teoria dei movimenti indiretti, ritenne però la universalità della formola degli spazj.

Or se queste proposizioni sono vere, se non può scoprirsi vizio e paralogismo nelle dimostrazioni del *Riccati*, perché non ricevere la sua dimostrazione delle forze vive?[124]

Perché inveire contro di una questione, peraltro fondamentale, della Meccanica; solamente perché ha burlato e reso inutili rutti gli sforzi e tentativi de' Matematici? Imperocché è principio metafisico sommamente certo che quella legge deve riguardarsi come principale e fondamentale della Meccanica, e potrà esprimere l'azione della potenza, la quale non dipende da circostanze ed ipotesi singolari e che regge non meno nei movimenti indiretti, che nei diretti. Non ha il *Riccati* preteso dimostrare per tutte le teorie del moto che tutti questi pregi concorrono soltanto nella formola degli spazj e non in quella dei tempi? E se vere suppongansi le dimostrazioni, potrà negarsi la conseguenza da simili antecedenti invincibilmente dedotta? Ma non sono veri gli antecedenti, sono paralogistiche le dimostrazioni del *Riccati* e del *d'Alembert* e non regge la conseguenza. Nel nostro opuscolo *de vera & necessaria motus accelerati Theoria*, stampato in Camerino, si dimostrò la falsità di simili antecedenti, s'indicò l'origine del paralogismo nelle dimostrazioni, e non è stato ancora contradetto e messo in dubbio dai Matematici. Noi renderemo più illustri queste verità nel dimostrare che faremo le vere teorie e le leggi necessarie e fondamentali del movimento. Questo supposto, io stabilisco tre proposizioni dalle quali necessariamente dipende la soluzione del quesito dalla dotta Accademia proposto.

PROPOSIZIONE I

Tutte due le leggi del *Galileo* sono singolari e necessariamente si oppongono alla teoria dei movimenti indiretti, perché in simile ipotesi la forza generatrice si cambia, né può esprimersi per gli stessi elementi. Questa proposizione contradice l'opinione del *Riccati*, e del *d'Alembert*, i quali credettero singolare la legge dei tempi e comune ed universale la legge degli spazj. Tuttavia ambedue queste leggi possono rendersi comuni ed universali e possono per esse computarsi i movimenti indiretti se pel metodo del *Galileo* o del *Bernoulli* si convertano essi nei movimenti indiretti.

---

[124] Il Frisio nell'elogio del Galileo non credette degna di un Geometra la celebre questione delle forze vive. La condannò come rea delle più atroci discordie, la rilegò dalla Fisica, non che dalla Meccanica, e la confinò nei paesi immaginarj delle astrazioni inutili ed oziose di una garrula ed arbitraria Metafisica. Meglio, al mio debole giudizio, avrebbe fatto se in vece dei pronunziare sentenze senza un pieno conoscimento di causa, avesse richiamato ad esame le ragioni fondamentali del Riccati e dimostrato avesse o la loro giustezza o il loro paralogismo. Malgrado il Frisio, e chiunque si tratterà sempre in Meccanica, se lo spazio intiero trascorso è, in qualunque ipotesi di movimento, come il quadrato del tempo e della velocità: se le forze dette volgarmente costanti, come la gravità, la elasticità ecc., sieno in semplice ragione delle potenze, o seguano altre leggi, mutate le ipotesi e le circostanze particolari. La risoluzione di simili quesiti darà ancor soluto il quesito delle forze vive.

PROPOSIZIONE II

Il metodo dell'*Ugenio*, del *Maupertuis* ecc. non differisce dal metodo del *Galileo*, se la velocità si riferisca soltanto allo spazio intiero trascorso. Le forze pertanto per ambidue i metodi computati saranno dello stesso genere e le leggi singolari tutte, o tutte comuni. Ma i metodi saranno differenti; nessun rapporto e connessione esisterà fra loro; né potranno per essi computarsi le medesime forze, se la velocità si riferisca soltanto allo spazietto, per cui si esercita la potenza. In questa ipotesi la legge dell'*Ugenio* suppone variabile la forza della potenza, e si oppone necessariamente alla teoria dei movimenti diretti, nella quale la forza è interamente costante ed in ragione semplice della potenza ed hanno luogo soltanto le due notissime leggi del *Galileo*.

PROPOSIZIONE III

Le due formole, e non già le due leggi del *Galileo* racchiudono i principi fondamentali della Meccanica. Per esse si può computare l'azione di qualunque potenza ed in qualunque ipotesi di movimento. Altro non richiedesi che computare la forza che nei corpi e nelle potenze risiede. Le leggi però risultanti non saranno le medesime in qualunque ipotesi di movimento, dipendendo tutte dalla natura e qualità della forza generatrice. Se la forza costante suppongasi, e si supponga in semplice ragione delle potenze, avranno luogo soltanto le due leggi del *Galileo*. Ma se essa variabile fosse, o almeno non in semplice ragione della potenza, dimostreransi altre leggi diverse ed opposte a quelle del *Galileo*.

11. Prima però d'entrare nello sviluppo delle tre accennate proposizioni e dimostrare le vere e necessarie leggi regolatrici in qualunque ipotesi di movimento, è necessario distinguere due spazj soliti a concepirsi nel moto accelerato. Questi due spazj sovente distinti e separati dai Matematici, ma più sovente ancora framischiati, e confusi hanno oscurato le più belle teorie della Meccanica ed hanno ricoperto di un velo densissimo le sue leggi fondamentali. Nel moto dunque accelerato io concepisco uno spazietto per cui si esercita la potenza e che può attribuirsi alla sua azione, e si passa soltanto perché esiste ed agisce la potenza, né potrebbe trascorrersi se in qualunque minimo tempicello cessasse di agire e non esercitasse contro del corpo azione veruna. Questa nozione chiarissima non è mia, ma dell'*Eulero*, del *d'Alembert* e di altri, e mille e mille volte inculcata, ripetuta dal *Riccati* nelle sue opere. Ma questo spazietto non deve framischiarsi e confondersi collo spazio intiero trascorso dal corpo. Imperciocché in qualunque minimo tempicello non solo si muove il corpo colla velocità che si acquista, ma ancora con quella velocità già acquistata negli altri tempi.[125]

---

[125] La teoria del moto accelerato dice Mons. Maulovin nell'Enciclopedia alla parola mouvement nasconde un mistero Geometrico. Il mistero viepiù si addensa ed oscura se suppongasi la ipotesi del dottissimo Autore, cioè che gli spazj percorsi nei tempi infinitesimi seguano costantemente la legge dei numeri naturali 1. 2. 3. ecc., e che gli spazj in tempi finiti trascorsi crescano nella ragione dei numeri impari 1. 3. 5. 7. ecc. Imperocché le quantità che in tempi finiti seguono costantemente una legge, ugualmente la seguono posti infinitesimi i tempi. Così la velocità cresce nella ragione dei numeri naturali posto il tempo finito o infinitesimo. Così non mutasi la ragione

Quindi due sono gli spazj dovuti alle due velocità, dalla somma dei quali si forma lo spazio intiero trascorso. Da questa semplicissima idea evidentemente risulta essere questi due spazj dissimili e fra loro opposti in qualunque ipotesi di movimento e qualunque costituiscasi la forza generatrice. Pure passansi nel medesimo tempo; ma né il tempo, né la velocità possono avere ad entrambi la stessa ragione in nessuna ipotesi di movimento. Se la forza si consideri variabile, certamente la velocità non può farsi come lo spazietto per cui si esercita la potenza. Quanto maggiore è la forza, tanto cresce e si fa maggiore la sua azione, presupposto lo spazietto medesimo, e tanto maggiore la velocità generata; dunque a qualunque spazio si riferisca, sarà sempre d'ineguaglianza il rapporto della velocità allo spazio, né potrà per conseguenza rappresentarsi per una linea retta. Tutto l'opposto accader deve, costituita la forza interamente costante ed in semplice ragione delle potenze. In questa ipotesi in tempi uguali e per spazj uguali gli impulsi replicati sono uguali, ed acquistanti velocità uguali: dunque i tempi sono come le velocità, ed i tempi e le velocità e le velocità come lo spazietto per cui la forza si comunica e si trasferisce nel corpo. La prima conseguenza si riceve da tutti concordemente, e potrà rigettarsi o mettersi in dubbio la seconda? Massimamente non essendosi finor dimostrato essere d'ineguaglianza la ragion e esistente fra la velocità e lo spazietto per cui si esercita la potenza, posta la forza nella semplice ragione di essa? Anzi io sostengo di essersi dimostrato tutto l'opposto. Il *d'Alembert* fu il primo che ne diede la dimostrazione. Egli s'avvide che l'equazione meccanica, contenente il rapporto della forza della forza comunicata al corpo per l'azione della potenza, poteva rappresentarsi per una linea poligona e che in questa ipotesi era non meno il tempo come la velocità, che il tempo e la velocità come lo spazietto di d'accrescimento, che debbe attribuirsi alla sola azione della potenza. Tuttavia questa dottrina era opposta al sentimento comune dei Matematici e soggetta a grandissime difficoltà: egli però forse troppo nemico delle questioni inutili, che trattengono lo spirito umano e impediscono i

---

esistente fra due quantità, finite esse sieno, o infinitesime. Adunque, se posti i tempi finiti, crescono gli spazj nella ragione dei numeri impari, cresceranno ugualmente nella stessa ragione, quantunque i tempi suppongasi infinitesimi. Di più tanto nel secondo tempicello infinitamente piccolo, quanto nel secondo tempo finito si muove il corpo con due velocità, cioè colla velocità acquistata nel primo tempo e colla velocità che si acquista nel secondo. Or se questo non fa, che gli spazj trascorsi nei tempi infinitesimi non seguono la ragione dei numeri naturali perché gli spazj in tempi finiti trascorsi non cresceranno nella medesima legge? Tuttavia io voglio accordar tutto, conceder tutto al dottissimo Autore. Dalla sua dimostrazione ne seguirà che in qualunque accelerazione di moto, e qualunque siasi la velocità che si acquista, gli spazj trascorsi cresceranno nella legge dei numeri impari. Ma questa conseguenza non regge; e solo può dimostrarsi nel moto diretto presupposta la forza costante. Nelle altre ipotesi la predetta legge non può aver luogo; ed ecco che il mistero viepiù si ricopre delle più folte ed oscure tenebre. Ma questo mistero svanisce e si mostra in tutto il suo splendore la verità, se distinguansi i due piccoli spazj passati in un medesimo tempo, sia quello finito, o infinitesimo, della somma dei quali si forma lo spazio intiero trascorso. Se lo spazio che passai colla velocità già acquistata, ed equabilmente per conseguenza, fosse uguale allo spazio trascorso in quel medesimo tempo colla velocità che si acquista, gli spazj trascorso tanto in tempi finiti che infinitesimi, cresceranno, nella legge dei numeri naturali 1. 2. ecc. Ma se questi spazj non fossero uguali fra loro, otterransi altre leggi; e saranno soltanto nella legge dei numero impari 1. 3. 5. ecc. se lo spazio passato colla velocità già acquistata allo spazio che si passa colla velocità che si acquista è :: 2 : 1 il che solo può ottenersi presupposta la forza costante. [Paul-Jacques Malouin era medico e chimico. L'autore della voce mouvement era d'Alembert].

suoi progetti, non le curò, né esaminò gli opposti principj dei Matematici. Si dee tuttavia confessare che le dimostrazioni, quantunque geometriche, non persuadono né sono atte a dissipare le tenebre sparse e illuminare la ragione, se s'oppongono esse o al sentimento comune dei Matematici o ad altre proposizioni credute evidenti e ricevute concordemente. Per questa cagione nell'Opuscolo già citato *De vera & necessaria &cc.* Si trattò l'istesso argomento, si esaminarono gli opposti principj e le pretese dimostrazioni, e si fece palese che il principio, supposto dai Matematici necessario, si opponeva alla teoria dei movimenti diretti, e distruggeva, come faremo vedere in appresso, le legge istessa dei tempi del *Galileo.* Io ne darò un'altra dimostrazione ricavata dalla teoria. Da questo principio io ne deduco una evidentissima conseguenza, cioè che la legge prima dimostrata dal *Galileo* nel piano inclinato, poi illustrata dall'*Ugenio,* seguita in appresso dai matematici e chiamata legge fondamentale della Meccanica, si oppone alla teoria dei movimenti diretti, presupposta costante la forza della potenza. Tuttavia per essa si sono computati i movimenti diretti ed indiretti e si sono dimostrate le leggi medesime che confermansi dall'esperienza. Ma simili dimostrazioni non sono viziose e paralogistiche apertamente? L'ambiguità di questa voce *spazio,* i sensi differenti ad essa attribuiti, hanno fatto sì che una legge in se stessa singolare e dipendente da particolari circostanze, si riguardasse come comune e si applicasse ad ipotesi differenti. Ed invero se lo spazio per cui s'esercita la potenza è come il quadrato del tempo e della velocità, se questa legge può dimostrarsi nel piano inclinato, nei corpi moventesi per circoli differenti, come nella medesima ipotesi sarà nella stessa ragione lo spazio intiero trascorso? Imperocché, qualunque sia l'azione e la forza della potenza o costante o variabile, lo spazio di accrescimento è sempre diverso dallo spazio intiero descritto. Quello si passa colla velocità che si acquista, la quale cresce continuamente e con moto accelerato per conseguenza; ma questo non solo colla velocità che acquista, ma ancora con le velocità già acquistate, le quali né crescono, né diminuiscono, e per tutto il tempicello perseverano costantemente. E che cosa più certa, che lo spazio percorso con moto accelerato è sempre in qualunque tempicello ed in qualunque ipotesi minore necessariamente di quello che passasi equabilmente? Quindi evidentemente apparisce perché in nessuna ipotesi di movimento, il tempo e la velocità non possono farsi come gli intieri spazietti descritti e perché è vero necessariamente il principio dei Matematici che i tempi sono in ragione diretta degli spazj ed inversa della velocità. Ma questo principio non è ugualmente vero e necessario se i tempi e le velocità si comparino soltanto collo spazietto per cui la potenza esercita la sua azione e trasfonde nel corpo la sua virtù ed efficacia. Questo principio ha luogo soltanto nei movimenti diretti, se la forza si costruisca in qualche ragione variabile, e nei movimenti indiretti, presupposta ancora costante la potenza. Ma non è egli evidente che in simili ipotesi i tempi non sono come le velocità? Stabiliamo pertanto che, posta la forza costante ed in semplice ragione delle potenze, avranno luogo necessariamente queste due equazioni

$$p \, dt = m \, du \qquad p \, ds = m \, du$$

se per *ds* si intenda soltanto lo spazietto per cui fluisce la potenza e trasmette nel corpo tutta la sua forza.

12. Noi nel dimostrare le vere e necessarie leggi di moto, ci serviremo della seconda formola piuttosto che della prima. Primo, perché i Matematici massimamente nella teoria dei movimenti indiretti hanno sempre riferito il tempo e la velocità allo spazio in cui si muove e si comunica al corpo la forza della potenza. Secondo per rendere viepiù palese che la legge degli spazj, qualunque siasi la quantità per quell'ambigua voce espressa, è non meno singolare e dipendente da circostanze e singolari ipotesi che la formola dei tempi del *Galileo*. Terzo, per evitare se sia possibile tutti gl'equivoci e paralogismi in cui sono caduti i più eccellenti Matematici, e per collocare nel suo vero lume i principi tutti e le leggi fondamentali della Meccanica, e dimostrare il rapporto e connessione fra essi esistente e le leggi del *Galileo*. Questo supposto, entriamo nella teoria. Perloché sia

PROBLEMA I (FIG. 1)

Data la forza centripeta variabile in qualunque ragione moltiplicata o diretta o inversa delle distanze ad un centro, determinare la velocità del corpo.

RISOLUZIONE

13. Sia il corpo in *A*. Il centro delle forze in *C*. La forza centripeta *p*. La massa del corpo *m*.

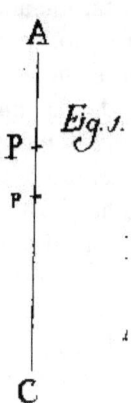

Pervenuto il corpo nel punto *P*, acquisti la velocità *V*. È certo che se la forza cresce nella ragione diretta moltiplicata delle distanze, chiamato lo sponente $= n$, $AP = x$, $AC = a$, sarà la forza della potenza *p* nel punto *P*

138

$$= \frac{p(a-x)^n}{a^n}.$$

Ora, suppongasi un minimo movimento per cui si trasferisce il corpo m pel minimo spazietto $Pp = dx$, ed avremo

$$\frac{p\,(a-x)^n}{a^n}\,dx = m\,du$$

ed integrando

$$\frac{p(a-x)^{n+1}}{(n+1)a^n}$$

e, posto $a - x = s$, avremo

$$\frac{p\,s^{n+1}}{(n+1)a^n} = m\,u\,.$$

Non è necessaria l'aggiunta della costante quando si voglia determinare soltanto il rapporto della velocità allo spazio; la quale però non deve omettersi, quando si voglia determinare la quantità del movimento. Integrando per tanto coll'aggiunta della costante avremo

$$\frac{p\,(a-x)^{n+1}}{(n+1)a^n} = A - m\,u.$$

Posto $x = 0$ dovrà essere per ipotesi $u = 0$: dunque

$$A = \frac{p\,a^{n+1}}{(n+1)a^n}$$

il qual valore sostituito nella formula, avremo

$$m\,u = \frac{p\,a^{n+1} - p\,(a-x)^{n+1}}{(n+1)a^n}$$

e posto $a - x = s$, si avrà

$$m\,u = \frac{p\,a^{n+1} - p\,s^{n+1}}{(n+1)a^n}$$

RISOLUZIONE MODERNA

Un corpo di massa m inizialmente fermo ad una distanza a da un centro C, è attratto dal centro con una forza

$$f(s) = p \left(\frac{s}{a}\right)^n$$

dove p è il valore iniziale della forza, s la distanza dal centro, n un intero qualsiasi. Per determinare la velocità alla distanza s dal centro basta applicare la conservazione dell'energia:

$$\frac{1}{2}mu^2 = -\int_a^s f \, ds = \frac{p\,a^{n+1} - p\,s^{n+1}}{(n+1)a^n}$$

diversa da quella ottenuta dall'autore.

COROLLARIO I

Se $n = 0$, la potenza è necessariamente costante, la equazione appartiene alla linea retta e la velocità è come lo spazio per cui si esercita la potenza. Dunque in questa ipotesi non può aver luogo la legge dell'*Ugenio*, nella quale il quadrato della velocità è come questo spazietto e l'equazione Meccanica appartiene alla parabola Apolloniana: dunque per i metodi dell'*Ugenio*, *Maupertuis* ecc. non possono in questa ipotesi computarsi le forze ed hanno soltanto luogo le due leggi del *Galileo*.

COROLLARIO II

Se $n = 1$ e la forza che risiede nella potenza fosse variabile nella ragion diretta delle distanze, non la velocità, ma la sua radice sarà come questo spazietto di accrescimento. Questa legge è la inversa di quella dell'*Ugenio*, perché nella di lui ipotesi cresce la forza non in diretta, ma in inversa ragione delle distanze. In questo però ambedue le leggi convengono, cioè che la linea esprimente il rapporto della velocità allo spazietto per cui si esercita la potenza, non può rappresentarsi per una linea retta ed appartiene sempre al circolo o alla parabola Apolloniana. Gli altri Corollarj sono visibili.

COROLLARIO III

Se lo sponente $n = -1$ la velocità del corpo non potrà diffinirsi per questa formula. Riprendendo la formula differenziale ed integrando nella maniera finora usata dai Matematici, ci conduce essa evidentemente all'assurdo: poiché sarà $p\frac{ds}{s} = m\,du$, ed integrando senza l'aggiunta della costante, sarà $log(p\,s) = m\,u$: equazione alla Logaritmica, per le di cui proprietà, posto lo spazio finito, sarà infinita la velocità che s'acquista; conseguenza non meno falsa ed assurda che opposta ai principj più giusti della ragione.

RISOLUZIONE MODERNA
In questo caso la conservazione dell'energia porta a

$$\frac{1}{2}mu^2 = ap\, ln\frac{a}{s}$$

Se la forza tende all'infinito nell'intorno del centro, anche la velocità diventa infinita per s = 0.

Di fatti una forza che cresce in ragione inversa delle distanze, non per questo deve riputarsi infinita nella sua azione. Secondo il *Newton* la gravità è una forza di questo genere. Tanto essa è maggiore, quanto più s'avvicina, e tanto minore quanto più s'allontana dal centro; ma non per questo a qualunque distanza di esso diventa la forza infinita, né può esercitare un'azione infinita, né trasferire nel corpo una virtù e velocità similmente infinita. Dunque la Geometria applicata alla scienza del moto, in luogo di dissipare le tenebre, rischiarare la verità, viepiù la oscura e la ricuopre del più denso e cupo velo? Nemmeno. Anzi, la Geometria si accorda meravigliosamente co' principj più giusti e più evidenti della Meccanica e della ragione. Ed in vero una forza che cresce o diminuisce in qualunque ragione, può esser finita, infinitamente grande e ancora divenire piccola infinitamente.[126]

Ma questi tre stati sono diversi e dissomiglianti fra loro, non possono sottoporsi alle stesse leggi, né rappresentarsi per le stesse linee. Supposta la forza infinita in un tempo finito e per uno spazio similmente finito, deve essere infinita la sua azione, e deve comunicare e trasfondere nel corpo una forza e velocità infinita. Adunque la linea rappresentante il rapporto del tempo, e della velocità dev'essere asintotica necessariamente. Ecco la ipotesi della nostra formula. Questo però non accade perché l'esponente = -1, come hanno finora creduto i Matematici. Qualunque siasi l'esponente *n* la forza può ottenersi infinita, e la curva esprimente la sua azione sarà asintotica; sebbene la natura, e qualità degli assintoti dipenda dalla natura e qualità della ragione, colla quale la forza cresce, o diminuisce. Quindi evidentemente deducesi, perché un corpo attratto da qualunque forza crescente, in qualunque moltiplicata, ed inversa ragione delle distanze rimanga

---

[126] Questi diversi stati frammischiati e confusi dai Matematici hanno cagionato un'oscurità somma nelle teorie e nelle vere leggi della Meccanica. L'errore viepiù apparisce, paragonandosi le diverse ipotesi considerate dai Matematici. Presupposta la forza centripeta, variabile in ragion diretta delle distanze, l'equazione Meccanica esprimente il rapporto del tempo e della velocità allo spazietto d'accrescimento, appartiene al circolo o alla parabola Apolloniana; ma se cresca ella nella ragion diretta delle velocità, la Meccanica equazione appartiene alla Logaritmica. Vedasi il Wolfio e l'Eulero. Eppure le forze non differiscono fra loro. Esse non possono essere infinite né esercitare un'azione infinita, se le quantità modificanti le loro forze non crescono infinitamente. Qual è dunque la causa per la quale, posto lo stesso esponente, e poste finite le quantità, la forza in una ipotesi si dimostri minima e nell'altra cresca infinitamente? Quindi non fa meraviglia che le leggi da simili ipotesi dimostrate ripugnino alle vere ipotesi della natura. Nella teoria delle forze resistenti, già convengono tutti che le ipotesi del Walisio, del Newton, dell'Ugenio e del Leibnitz sono ripugnanti alle vere ipotesi della natura e che devono considerarsi come mere teorie della Meccanica. Dirò di più, che quantunque le ipotesi fossero le vere, e le forze resistenti variassero o in ragione diretta delle velocità o come i loro quadrati; pure le leggi dimostrate dai Matematici in queste ipotesi sarebbero opposte alle leggi della natura, perché essi hanno computato la forza in quel punto solo nel quale essa è minima o infinitesima.

necessariamente nel centro; e si dissipano tutte le tenebre sparse, e le difficoltà tutte dal grande *Eulero* proposte. Imperocché la forza attraente il corpo verso il centro è sempre contraria alla forza, colla quale esso tenta allontanarsi dal centro, cioè alla velocità acquistata. Ma questa è finita, e infinita l'azione contraria della potenza: dunque il corpo giunto al centro, e nello stesso centro sarà spogliato d'ogni forza, d'ogni velocità, e dovrà perpetuamente rimanere nel centro.

14. Tutto l'opposto accaderà, se la forza cresce in ragion diretta delle distanze. Dessa tanto è minore, quanto più s'avvicina al centro delle forze, e nulla affatto diviene, se si contempli, o consideri costituita nel centro: dunque nulla in quel punto sarà la sua azione, e nulla per conseguenza la forza, colla quale il corpo sarà respinto verso il centro e seguirà a muoversi equabilmente coll'acquistata velocità, se allontanato dal centro, la forza attraente non ricuperasse la sua virtù, ed energia, come si dimostra geometricamente. Tolto questo punto, o il punto infinitamente distante dal centro, la forza residente nella potenza è sempre finita, e finita la sua azione, e la curva esprimente il rapporto del tempo, e della velocità, non può essere asintotica. Per dimostrarlo, prendiamo la nostra formola differenziale

$$\frac{p\,ds}{s^n} = \frac{m\,du}{a^n},$$

che ridotta ad un comune denominatore, sarà

$$p\,ds = \frac{m\,s^n\,du}{a^n};$$

ma posti i tempi uguali, le velocità sono come gli spazietti trascorsi: dunque sarà

$$p\,ds = \frac{m\,u^n\,du}{a^n}$$

ed integrando senza l'aggiunta di costante, sarà

$$p(n+1)\,s = \frac{m\,u^{n+1}}{a^n}$$

15. Quest'equazione niente differisce dall'antecedente, esprimendo n la quantità medesima; ed ambedue possono rappresentarsi per una curva istessa. Tutta la varietà consiste soltanto nella diversità delle linee, esprimenti le quantità medesime. Se la forza cresce in ragion diretta delle distanze, tanto essa è minore, quanto più si avvicina al centro: dunque lo spazio, per cui si esercita la potenza, dovrà farsi maggiore della velocità; e dovrà esprimersi per le ordinate della parabola. Tutto l'opposto addiviene, se la forza cresce in ragione inversa delle distanze. E tutte queste proprietà non discendono evidentemente dalla natura delle due equazioni, da noi nelle due ipotesi dimostrate? Dunque le ipotesi dei

Matematici, e non la Geometria si oppongono ai principj più giusti, e irrefragabili della ragione, Questo supposto, ricaviamo gl'importantissimo Corollarj.

COROLLARIO I

Se $n = 0$ l'equazione meccanica appartiene alla linea retta, e le velocità acquistate sono come lo spazio, per cui si acquistano. Dunque in questa ipotesi le leggi soltanto del *Galileo*, e non già quelle dell'*Ugenio*, del *Maupetuis*, e del *d'Alembert*, dette fondamentali, possono verificarsi, ed esprimere l'azione esercitata dalla potenza.

COROLLARIO II

Se n = 1 la forza sarà variabile in ragione inversa delle distanze, lo spazio, per cui si esercita la potenza, come il quadrato della velocità, ed avrà luogo la legge dell'*Ugenio*, e non quella del *Galileo*.

16. Per questo motivo abbiamo asserito nella seconda proposizione, che i metodi dell'*Ugenio*, del *Maupertuis* ecc. erano dissomiglianti al metodo del Galileo, e che erano le forze per ambidue i metodi computate di genere, ed ordine diverso, costanti le prime, e variabili le seconde. Tuttavia nei movimenti diretti, qualunque siasi la forza, potrà sempre computarsi la sua azione per le due formole del *Galileo*, se suppongasi un minimo tempicello, o nel moto iniziale. Imperocché le leggi del *Galileo* vagliono necessariamente, presupposta la forza costante, ed in semplice ragione della potenza. E che cosa più chiara, e più evidente, che nei movimenti diretti, qualunque forza può considerarsi come costante, e farsi proporzionale alla potenza, supposto un minimo tempicello, o nel moto iniziale? Questo però non può ottenersi nei movimenti indiretti. In simili ipotesi, la forza è sempre variabile, né può farsi in semplice ragione della potenza, quantunque essa si costituisca costante come si dimostrerà in appresso n. 51. La legge pertanto dell'*Ugenio*, e non quella del *Galileo* avrà luogo in simili ipotesi, se la forza cresca, o diminuisca nella ragione inversa delle distanze, o dei seni, e coseni dalle due direzioni formati. Ma questa legge non è ella singolare, e dipendente da circostanze, e da ipotesi singolari? Non si oppone evidentemente alla teoria de' movimenti diretti, presupposta la forza costante? Non suppone la forza variabile in ragione inversa delle distanze, ed è per conseguenza diametralmente opposta alle leggi del *Galileo*? Difatti il *Newton*, presupposta la forza centripeta, variabile in ragione inversa delle distanze, dimostrò quelle leggi, che l'*Ugenio* prima di lui dimostrato avea, presupposta costante la gravità dei corpi moventesi per circoli differenti. Il chiamare costante, o variabile la forza generatrice del movimento, l'instituire delle questioni inutili, ed oziose sopra la parola, era soltanto permesso nei tempi dei Sofisti, o del garrulo Peripato. Nei nostri tempi simili quistioni sono sbandite

Porro præcedentis propositionis & Corollariorum ejus beneficio colligitur etiam proportio vis centripetæ ad vim qumlibet notam, qualis est ea gravitatis. Nam si corpus in circulo terræ concentrico vi gravitatis suæ revolvantur, hæc gravitas est ipsius vis centripeta. Datur autem ex descensu gravium & tempus revolutionis unius & arcus dato quovis tempore descriptus per hujus Corollarium IX: Et hujusmodi proportionibus *Hugenius* in eximio suo Tractatu de Horologio Oscillatorio vim gravitatis cum revolventium viribus centrifugis contulit. *Newtonus* li. 3. Schol. Ad propositionem quartam pag. 103.

Si dee però avvertire, che quantunque la legge dei tempi nei gravi cadenti, e nei corpi, moventisi per circoli differenti, sembri la stessa, e pare si confonda dal gran *Newtono*, pure è differente, né può ottenersi nelle due ipotesi, se i tempi si riferiscano allo stesso spazio, ed esiliate perpetuamente, non che dalla Fisica, e Meccanica, ma ancora dalla ragionevole Metafisica. La diversità, o confensione delle leggi della Meccanica è la sola, che può, e deve decidere dell'uniformità, o varietà delle forze. Chiamisi pure costante, o variabile la forza producitrice del movimento; il certo si è, che lo spazio di accrescimento non può farsi come il quadrato della velocità, né può aver luogo il metodo dell'*Ugenio*, se la forza non cresca, o diminuisca, e sia in nragion semplice soltanto della potenza.

COROLLARIO III

Se n = 2, e la forza cresca in ragione duplicata, ed inversa delle distanze, i cubi delle velocità saranno come lo spazietto d'accrescimento. Gli altri Corollarj sono visibili. Nel dimostrare le altre leggi, noi considereremo soltanto la forza centripeta variabile in ragione qualunque moltiplicata, ed inversa delle distanze. Ciò posto sia

PROBLEMA II

Data la forza crescente in qualunque ragione inversa delle distanze, ritrovar il rapporto del tempo allo spazietto d'accrescimento.

RISOLUZIONE
17. Ritenute le medesime denominazioni, abbiamo dimostrato di sopra essere

$$(n + 1) \cdot a^n \cdot ps = m \, u^{n+1}$$

ed estraendo la radice, e posto $p = m$ sarà

$$[(n + 1)s]^{\frac{1}{n+1}} \cdot a^{\frac{n}{n+1}}:$$

ma $u = \frac{ds}{dt}$, dunque

144

$$\frac{ds}{[(n+1)s]^{\frac{1}{n+1}} \cdot a^{\frac{n}{n+1}}} = dt,$$

ed integrando sarà

$$t = \frac{[(n+1)s]^{\frac{n}{n+1}}}{n \cdot a^{\frac{n}{n+1}}}$$

Si è fatta l'integrazione senza l'aggiunta della costante; perché diffinire si vuole soltanto il rapporto del tempo allo spazio, e non già la quantità del medesimo in qualunque punto dello spazietto percorso.

COROLLARIO I

Se n = 0, il tempo non può diffinirsi per questa formola, ed apparisce infinito. La stessa verità si dimostra riassumendo la formola differenziale: dunque il tempo, col quale si passa uno spazio finito, dovrà essere infinito, presupposta costante, ed immutabile la forza della potenza. Questo è il grande assurdo, che contro del *Caszreo* dimostrò il *Fermat* a favore della legge del *Galileo*. Una simile dimostrazione fu tosto abbracciata, e seguita dai Matematici tutti, e per lo spazio di più d'un secolo non si è prodotto un argomento più forte, o più dimostrativo. Ma potrà una tale dimostrazione convincere un intelletto geometrico, e metafisico? Non urta essa evidentemente nella petisione di principio? Non suppone, che i tempi in qualunque ipotesi, qualunque siasi la forza della potenza, e qualunque lo spazio, al quale il tempo e la velocità si riferiscono, sono sempre in ragione diretta degli spazietti, ed inversa delle velocità? Se questo principio non è vero in tutta la sua estensione,m ed in ogni ipotesi di movimento, tutta la dimostrazione vacilla, e crolla da' suoi fondamenti. Ma chi ha mai dimostrato la necessità di un tale principio in ogni ipotesi di movimento? Dove si legge una tale dimostrazione? Perché in qualche ipotesi l'accennato principio è vero, e necessario, e può dimostrarsi geometricamente, lo sarà egli ugualmente in ogni ipotesi, e qualunque supponga si la forza acceleratrice? Per questo motivo nell'Opuscolo già citato *De vera & necessaria etc.* si richiamò all'esame la verità del principio, sul quale tutta si appoggiava la dimostrazione, e si fece palese, che l'accennato principio intendendosi per ds lo spazietto d'accrescimento s'opponeva alla teoria dei movimenti diretti, presupposta la forza della potenza interamente costante.

18. Io vi do di queste verità un'altra semplice sì, ma non meno evidente dimostrazione. Tutti i Matematici convengono, che nei movimenti diretti, presupposta la forza costante, vale la legge del *Galileo*, $p\,dt = m\,du$. Or se l'accennato principio è vero in questa ipotesi, sarà $dt = \frac{dt}{u}$ intendendo per ds lo spazietto soltanto di accrescimento, ed avremo sostituito questo valore $p\,ds =$

$m\,u\,du$, ed integrando $2ps = m\,u^2$ cioè, lo spazietto d'accrescimento, come il quadrato della velocità. E questa legge non si oppone alla teoria dei movimenti diretti? Non suppone evidentemente la forza variabile in ragione inversa delle distanze? Noi l'abbiamo dimostrato nel Corollario secondo, n. 36. presupposto l'esponente $= 1$. E sarà possibile, che una stessa, ed individua legge si possa ottenere, posto l'esponente $= 0$, ovvero $= 1$, cioè posta la forza costante, ed in semplice ragione della potenza, e posta la forza crescente, in ragione inversa delle distanze, e non proporzionale alla potenza? E questo non sarà errore, ed errore palpabile, e manifesto? Concludiamo pertanto, che l'accennato principio, originale di tanti paralogismi, non può aver luogo ne' movimenti diretti, posta costante la forza, se i tempi, e le velocità si riferiscano allo spazietto di accrescimento, e per cui si comunica al corpo la forza della potenza. Non deve dunque recar meraviglia, se dalla nostra formola non possa dedursi la vera quantità del tempo, poiché si è fatto uso di un assurdo principio. Per ottener dunque i tempi in questa ipotesi, altro non richiedesi, che collocare i tempi in luogo dello spazio, o della velocità.

COROLLARIO II

Se $n = 1$, e la forza si supponga variabile in ragione inversa delle distanze, è vero l'accennato principio, e si fa palese per la nostra formola, essere i quadrati dei tempi, come lo spazio per cui si esercita la potenza. Questa è la legge dimostrata dell'*Ugenio* nei movimenti indiretti, presupposta la potenza costante: onde evidentemente risulta essere le forse nelle due ipotesi computate dell'istesso genere.

COROLLARIO III

Se $n = 2$, e le forze per conseguenza variabili in ragione inversa dei quadrati delle distanze, i cubi dei tempi saranno come i quadrati degli spazietti descritti. Or se i tempi suppongansi proporzionali agli spazietti descritti, saranno nella sesquiplicata ragione delle distanze. Questa legge si osserva nei corpi celesti, come si vedrà in appresso.

19. Finora abbiamo dimostrato le leggi, che risultano dalla comparazione del tempo, e della velocità allo spazietto d'accrescimento: dalle quali può evidentemente conchiudersi la natura, e qualità delle forze, e non già la natura e qualità del movimento. Le stesse leggi, che si sono dimostrate, presupposta la forza acceleratrice, possono ancora dimostrarsi negli urti indiretti dei corpi, presupposto il moto equabile, ed uniforme, se essi si costituiscono in guisa tale, che le forze loro seguano questa, o quell'altra legge. Il che facilmente si otterrà, se i corpi riferiti ad un centro non si collochino ad uguali distanze, o non abbiano le direzioni fra loro parallele.

Tuttavia nei movimenti diretti le predette leggi non si possono avere senza l'accelerazione del moto, e senza che la potenza replichi in tutti i tempi i suoi impulsi. Ora dimostriamo le altre leggi, che sono le proprie del moto accelerato, e che ripugnano alla natura, e qualità del moto equabile, presupposte le forze dello stesso genere. Desse sono quelle soltanto, che risultano dalla comparazione del tempo, e della velocità allo spazio intiero trascorso, per lo che sia

PROBLEMA III

Data la forza centripeta variabile in qualunque ragione moltiplicata, e inversa delle distanze, ritrovare la legge delle velocità per lo spazio intiero trascorso.

RISOLUZIONE
20. Si è dimostrato di sopra essere

$$p \cdot (n + 1) \cdot s = \frac{m \, u^{n+1}}{a^{n+1}},$$

e posto p = m e moltiplicando per *du* avremo

$$(n + 1) \cdot s \, du = \frac{u^{n+1} du}{a^{n+1}};$$

ma *s du* esprime l'elemento dello spazio intiero trascorso: dunque avremo, chiamato questo elemento *dy*, ed integrando senza l'addizione della costante

$$(n + 1) \cdot y = \frac{u^{n+2}}{(n + 2)a^{n+1}}.$$

COROLLARIO I

Posto l'esponente $n = 0$ il quadrato della velocità è come lo spazio intiero trascorso. Questa è la legge del *Galileo* ricevuta da tutti concordemente, e confermata con mille, e mille sperimenti. Ma questa legge suppone necessariamente costante la forza della potenza, nella quale ipotesi abbiamo dimostrato di sopra essere i tempi come le velocità, ed i tempi, e le velocità come lo spazietto per cui si esercita la potenza: dunque è un errore palpabile, e manifesto il pretendere, come fanno il *Riccati*, e il *d'Alembert*, essere comune, ed universale la legge degli spazj, e non quella dei tempi del *Galileo*.

COROLLARIO II

Se suppongasi $n = 1$, e la forza per conseguenza variabile in ragione inversa delle distanze, il cubo della velocità è come lo spazio intiero trascorso. In questa medesima ipotesi, come sopra si è dimostrato, il quadrato delle velocità è come lo spazietto d'accrescimento: dunque queste due leggi vagliono soltanto, e possono ottenersi, presupposta variabile la forza nella ragion inversa delle distanze; ed evidentemente ambedue si oppongono alla teoria dei movimenti diretti. Le stesse leggi possono ottenersi nei movimenti indiretti: il che prova colla maggior evidenza, essere le forze delle due ipotesi non dissimili, e dello stesso genere. Rifletto inoltre, che lo spazio, per cui si esercita la potenza, o sia di accrescimento, non può farsi come il quadrato della velocità, senza che il cubo della medesima sia, presupposto il moto accelerato, come lo spazio intiero trascorso. Ma questa ultima legge ripugna evidentemente alle leggi dei movimenti diretti, approvate dal consenso universale de' Matematici tutti, e confermate dalla sperienza; dunque ancora la prima, come le mille e mille volte si è dimostrato, e ripetuto.

COROLLARIO III

Se l'esponente $n = 2$, il quadrato della velocità si troverà come lo spazio intiero trascorso, e così di mano in mano nelle altre ipotesi.

PROBLEMA IV

Nella stessa ipotesi delle forze centripete ritrovare la legge del tempo per lo spazio descritto dal corpo.

RISOLUZIONE

21. Essendo $u = [a^{n+1} \cdot (n + 1)(n + 2) \cdot y]^{\frac{1}{n+2}}$, e posto $p = m$, ed $u = \frac{dy}{dt}$ sarà

$$dy : [a^{n+1} \cdot (n + 1)(n + 2) \cdot y]^{\frac{1}{n+2}} = dt,$$

ed integrando avremo

$$\frac{n + 2}{n + 1} \cdot y^{\frac{n+1}{n+2}} : [a^{n+1} \cdot (n + 1)(n + 2) \cdot y]^{\frac{1}{n+2}} = t.$$

COROLLARIO I

Qualunque si sia l'esponente n il tempo potrà sempre ottenersi, e diffinirsi per questa formola. Imperocché in qualunque ipotesi di moto accelerato, è sempre d'ineguaglianza la ragione esistente fra il tempo, la velocità e lo spazio intiero trascorso, e vero necessariamente il principio dei Matematici, se i tempi, e le velocità si riferiscono soltanto a questo spazio. Di fatti se $n = 0$, e la potenza interamente costante, il quadrato della velocità è come questo spazio, come fu dimostrato dal *Galileo*: ma in questa medesima ipotesi i tempi come le velocità, e

148

come gli spazietti d'accrescimento: dunque le due leggi sono verissime, e necessarie, presupposta la forza costante, che è l'ipotesi del *Galileo*.

COROLLARIO II

Se *n* = *1*, e si supponga per conseguenza variabile la forza, e cubi dei tempi saranno come i quadrati degli spazj: Or se i tempi si fanno proporzionali a questi spazj, si troveranno nella sesquiplicata ragione delle distanze, o sia dei raggi vettori. Questa legge certissimamente si oppone alla teoria dei movimenti diretti; ma dimostrasi nei movimenti indiretti, se i tempi si facciano proporzionali alle aree in tempi uguali descritte, come si dimostrerà in appresso. Una simil legge si osserva ancora nei moti planetarj, dal che ne deduco, che se il moto planetario è accelerato, le forze, colle quali sono spinti i pianeti verso il centro, sono soltanto nella ragione inversa delle distanze.

COROLLARIO III

Se *n* = *2*, sarà la forza variabile in ragione inversa dei quadrati delle distanze, ed il quadrato quadrato dei tempi come il cubo dello spazio percorso, o se i tempi si rappresentino per questi spazj, i cubi dei tempi saranno come i quadrati quadrati dei raggi. Questa legge si oppone alle osservazioni celesti. Onde deducesi, o che il moto dei corpi celesti è sommamente equabile, ed uniforme, o che le forze centripete attraenti i corpi verso il centro, non crescono nella ragione inversa dei quadrati delle distanze. Quale delle due ipotesi debba tenersi, ed abbracciarsi, si dirà in appresso. Gli altri Corollarj si deducono similmente.

22. Dal detto, dimostrato fin qui evidentemente apparisce due essere in ogni ipotesi di moto accelerato, e presupposta la forza medesima, l'equazioni meccaniche, colle quali il tempo, e la velocità prodotta, e generata nel corpo dalla potenza si riferiscono ai due spazietti nel tempo istesso descritti. La forza rappresentata per queste due equazioni sembra diversa, ed apparisce di genere, ed ordine differente; eppure essa non cangia e persevera immobilmente per qualunque di questi due spazj si computi la sua azione. Per determinare dunque la natura, e qualità della forza, la verità, e necessità delle leggi del movimento, per distinguere le ipotesi l'une dall'altre, è d'uopo diffinire lo spazio, al quale la forza si riferisce. Imperciocché confusi, e framischiati questi, le medesime leggi potranno dimostrarsi in ipotesi differenti, e variate le forze, o nell'istesse ipotesi, e presupposte le forze medesime, leggi del tutto opposte. Questa è la sola cagione, per la quale il metodo dell'*Ugenio*, del *Maupertuis*, del *d'Alembert*,[127] ed altri, si è

---

[127] Leonardo Eulero seguito in appresso da Vincenzo Riccati, da quella formola p ds = m du , intendendo per du la differenziale di u2, dimostrò le teorie, e le proprietà tutte del movimento. Dal che forse ne nacque l'opinione, che la formola degli spazj del Galileo regga in tutte le ipotesi, e non sia dipendente da circostanze particolari, e singolare quella dei tempi. Ma costa dal dimostrato da noi essere ambedue le leggi singolari, e dipendenti ambidue da ipotesi singolari, qualunque quantità vogliasi rappresentare per ds. Adunque le teorie, e le leggi dimostrate nelle due ipotesi di movimento saranno soltanto vere, intendendosi per ds non una quantità individua, ed un individuo spazio ma spazj dissimili, e del tutto opposti. Io non sono entrato in simili ricerche, perché inutili al

creduto più comune, e più atto per computare le forze residenti nelle potenze, che non il metodo del *Galileo*. In fatti i quadrati dei tempi, e delle velocità essere come lo spazio trascorso, può dimostrarsi non meno nei movimenti diretti, che negl'indiretti, e presupposta costante, o variabile la forza della potenza. Al contrario la legge dei tempi del *Galileo* non può dimostrarsi, che in una ipotesi di movimento, cioè ne' moti diretti, e negl'indiretti, distrutta soltanto la ipotesi, e convertendoli in diretti, o pel metodo del *Bernoulli*, o del *Galileo*.

23. Tuttavia era inesplicabile, inconcepibile, come forze non aventi ragioni uguali, potessero assoggettarsi alle stesse leggi, e come corpi uguali, moventesi con velocità disuguali, e per spazj disuguali potessero essere dotati di forze interamente uguali. Quindi nascevano delle difficoltà insuperabili nel conciliare le teorie colle teorie, e co' principj più giusti, e più evidenti della ragione. Il celebre principio meccanico della composizione, e risoluzione delle forze, di tanto uso nella Meccanica, presentava all'occhio del Geometra metafisico delle idee ripugnanti, e dei misteri incomprensibili. Quante risposte non furono date, quante immaginate ipotesi differenti, quante pensate sottigliezze per conciliare la verità di questo principio co' principj metafisici, e della ragione? I Cartesiani non meno, che i Leibniziani, partiti da differenti principj, e da ipotesi differenti, urtarono negli scogli medesimi, e le risposte date altro non ottennero, che il dimostrare all'uomo la debolezza della sua ragione. Questa fu la cagione per la quale il *d'Alembert* non voleva, che nella Meccanica s'instituissero sì fatte questioni, e comparazioni. La semplicità delle leggi, e la evidenza delle dimostrazioni credette da se valevoli per illustrare la ragione, e rapire l'assenso, ed anzi che dubitare della loro verità e certezza doversi dubitare piuttosto della verità di certi principj creduti metafisici. Ma l'uomo potrà credere dei misterj senza una autorità infallibile, e divina, e tener per fermo quello, che ripugna alla sua mente? Non dubiterà piuttosto di queste dimostrazioni, e crederà nascosto qualche sottile vizio, che sfugga alla sua mente? Infatti le due ipotesi del movimento, e i principj meccanici, presupposte le ipotesi dei Matematici, racchiudono dei misterj inesplicabili, ed incomprensibili. Se nelle due ipotesi la forza è dello stesso genere, dalla identità delle forze non potrà dedursi la identità delle leggi, e viceversa: ciò ch'evidentemente s'oppone agli stessi principj meccanici. Similmente cause dello stesso genere non produrranno simili effetti, non saranno sottoposte, e soggette alle stesse leggi, né potranno rappresentarsi per gli stessi elementi; ciò che ripugna ai principj metafisici, e della ragione. In fatti secondo il sentimento dei Matematici i tempi nei movimenti diretti sono come le velocità, e l'azione della forza, come la potenza nel tempo, eppure queste leggi non possono dimostrarsi nei movimenti indiretti. Di più le leggi dimostrate dall'*Ugenio*, dal *d'Alembert*, ed altri non differiscono dalle leggi da noi, e dal *Newton* dimostrate, presupposta la forza centripeta variabile in ragione inversa delle distanze: dunque o forze di genere e d'ordine differente possono

---

mio proposito, e perché dalle mie dimostrazioni si deduce il vero senso, nel quale devonsi prendere le teorie dai Matematici dimostrate. Vedasi la Meccanica dell'Eulero, e del Riccati.

racchiudersi sotto le istesse equazioni meccaniche, ed assoggettarsi alle leggi medesime, o le forze dall'*Ugenio*, e dal *Newton* computate, sono dello stesso genere, e tutte due per conseguenza variabili, o tutte due costanti.

24. Ed in vero tutte le difficoltà spariscono, e dissipansi come tenuissimo fumo, costituite le forze non solo per sua natura variabili, ma molto più ancora per la loro situazione. Per mettere sugli occhi di tutti questa verità, che poi dimostreremo geometricamente, non abbandoniamo la teoria già dimostrata delle forze centripete. Prendansi due corpi uguali, e collocati a distanze disuguali da un comune centro, si costituiscano in guisa tale, che non possano né avvicinarsi, né allontanarsim da esso, e tuttoil moto si faccia per circoli paralleli. Suppongasi dunque un minimo movimento. Egli è certo, che la forza centripeta non eserciterà contro i due corpi un'azione individua, né i corpi in tempi uguali, e per ispazj uguali acquisteranno forze, e velocità uguali. Dunque i tempi non saranno come le velocità generate, nél'azione della forza come la potenza nel tempo, né potranno aver luogo per conseguenza le due note leggi del *Galileo*. Eppure persistendo il medesimo moto, i corpi conservano la loro situazione, né varia la velocità di loro. Questa è la ipotesi dei movimenti chiamati indiretti. Due corpi che si muovono per circoli disuguali, sono attratti da due forze, che sono nella ragione inversa delle distanze dal centro. Tanto maggiore è la loro energia, ed azione, quanto più vicini, e tanto minore quanto più lontani dal centro: dunque, se suppongasi un minimo movimento, presupposta la potenza medesima, le velocità acquistate in un dato tempo, e per uno spazio determinato saranno disuguali, e d'ineguaglianza la ragione a qualunque quantità esse si riferiscano. Dunque la legge dell'*Ugenio*, e non quella del *Galileo* potrà aver luogo in simile ipotesi, non per altra ragione, se non perché la medesima forza non esercita contro dei corpi un'azione medesima, ed è variabile veramente. Tuttavia la legge dell'*Ugenio* non potrà dirsi fondamentale, e necessaria, e non dipendente da singolare ipotesi. Imperocché se pel metodo del Galileo sostituiscansi nuove potenze, che si muovono per gli stessi circoli, ed abbiano uguali distanze dal centro, o pel metodo del *Bernoulli* in luogo di un corpo un altro se ne sostituisca posto alle medesime distanze dell'altro in tempi uguali, e per ispazj uguali, non acquisteranno forze, e velocità uguali, non eserciterà la forza contro di essi azioni interamente uguali, e non avranno luogo le due notissime leggi del *Galileo*?

25. (Fig. 2).

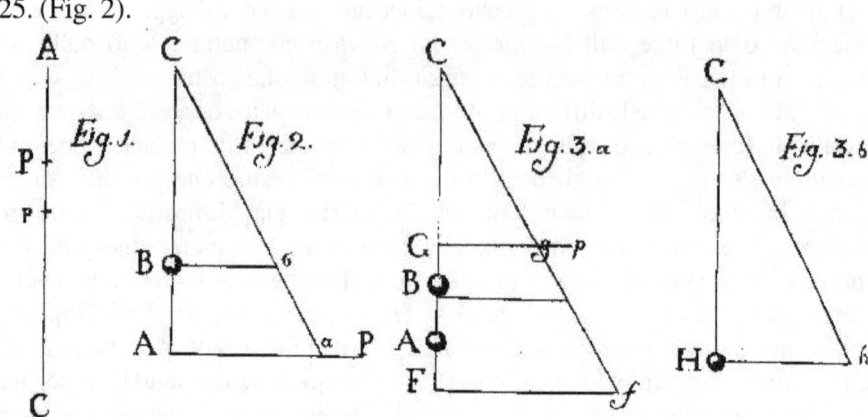

Per dimostrarlo, sia il vette AC mobile nel punto C. Nel punto A sia applicata la potenza P, e nel punto B il corpo m. Suppongasi un minimo movimento, e si trasferisca il corpo m nel punto b, e la potenza p nel punto a. Egli è certo, che gli spazietti uguali descritti, saranno disuguali, e disuguale la forza residente nei corpi, e nelle potenze: dunque l'equazione meccanica, esprimente l'azione della potenza, non potrà rappresentarsi per linea retta, né potranno aver luogo le leggi del *Galileo*. Dimostriamolo.

26. La forza della potenza p nel punto A alla forza della potenza nel punto B come $CA : CB$. Dunque $p \cdot \frac{CA}{CB}$ esprime la forza della potenza p, costituita nel punto A. Computata la forza, e chiamato il tempo dt, facciamo uso della formola del Galileo, e sarà

$$p \cdot \frac{CA \cdot dt}{CB} = m \, du,$$

dalla quale si vede chiaramente, che i tempi non possono farsi come le velocità, se CB, e CA non si suppongono interamente uguali, ed avranno luogo pertanto le leggi dell'*Ugenio*, e non quelle del *Galileo*; poiché essendo $CB = u \, dt$, ed u, e du in una costante ragione, sarà

$$p \cdot CA = \frac{m \, u^2}{2}$$

come pretende l'*Ugenio*, e dimostreransi le medesime leggi, che posta variabile la forza centripeta in ragione inversa delle distanze, si sono dimostrate di sopra. Se però in vece della potenza p un'altra se ne sostituisca nel punto B, o ritenendo la potenza P in vece del corpo m se ne sostituisca un altro nel punto A, avranno luogo soltanto le leggi del *Galileo*. Dimostriamolo.

27. La forza della potenza p alla forza della potenza q posta nel punto B reciprocamente: : $CA : CB$. Dunque $p \cdot \frac{CA}{CB} = q$; ma si è dimostrato di sopra

$$p \cdot \frac{CA \cdot dt}{CB} = m \, du,$$

dunque $q \, dt = m \, du$.

Similmente la forza del corpo m posto in B alla forza del corpo n nel punto A reciprocamente : : $CB : CA$. Dunque $m = n \cdot \frac{CA}{CB}$; ma $p \cdot \frac{CA \cdot dt}{CB} = m \, du$, dunque uguale ancora $n \cdot \frac{CA \cdot du}{CB}$ dalla quale equazione dividendo per $\frac{CA}{CB}$ risulta $p \, dt = n \, du$.

28. Questo, che si è dimostrato in un corpo solo, similmente dimostrasi di qualunque numero di corpi, poste parallele le loro direzioni. Altro non chiedesi, che ricercare il centro comune di gravità, e collocare ivi un corpo uguale alla somma di tutte.

29. Illustrerò questa teoria con un semplicissimo esempio. Sia il vette FC mobile nel punto C. Nei punti F, G si costituiscano le potenze P, p, e dei corpi m ed n nei punti B ed A. Si chiami la velocità del corpo m, du (Fig. 3.a) quella del corpo n, dc; non essendo le potenze collocate negli stessi punti dei corpi, si devono computare prima le forze delle potenze per potere applicare le formole del *Galileo*.

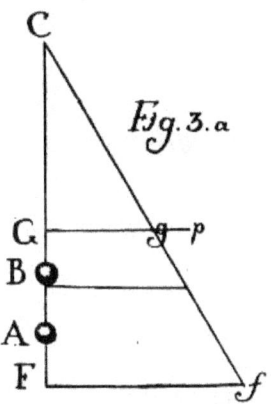

Fig. 3.a

Adunque $CA : CF :: P : P \cdot \frac{CF}{CA}$; similmente $CB : CG :: p : p \cdot \frac{CG}{CB}$; ora suppongasi un minimo movimento, e chiamato il tempo dt avremo per le formole del Galileo

$$P \cdot \frac{CF \, dt}{CA} + p \cdot \frac{CG \, dt}{CB} = m \, du + n \, dc;$$

ma per la similitudine dei triangoli si ha $du : dc :: CA : CB$, dunque $dc = du \cdot \frac{CB}{CA}$, il qual valore sostituito nella formola, si otterrà

$$\frac{P \cdot CF}{CA} + \frac{p \cdot CG \, dt}{CB} = m \, du + \frac{n \cdot CB \, du}{CA} \, ;$$

dunque

$$\frac{du}{CA} = \frac{P}{m} \frac{CF}{CA^2} + \frac{p}{n} \frac{CG \, dt}{CB^2} \, .$$

30. Questo supposto si concepisca un vette semplice, ed isocrono al composito, a cui sia applicata la potenza H (Fig. 3.b)

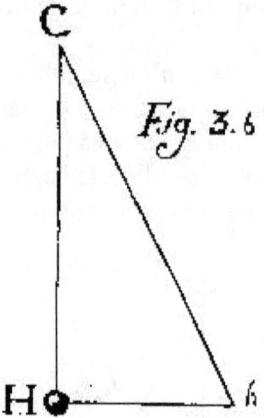

Fig. 3.b

ed avremo chiamata la velocità dv la massa del corpo e, $H \, dt = e \, dv$, ovvero

$$\frac{H \, dt}{e \cdot CH} = \frac{dv}{CH} \, ,$$

ed essendo uguali le velocità angulari sarà $\frac{dv}{CH} = \frac{du}{CA}$ ed

$$\frac{H \, dt}{e \cdot CH} = \frac{P \cdot CF + p \cdot CG}{m \cdot CA^2 + n \cdot CB^2} \, dt,$$

dalla quale risulta la longitudine del pendulo semplice, ed isocrono

$$CH = \frac{H}{e} \cdot \frac{m \cdot CA^2 + n \cdot CB^2}{P \cdot CF + p \cdot CG} \, .$$

Se i punti A, B concorrono coi punti F, C la formula non si distinguerà da quella dimostrata dall'*Ugenio*.

31. Lo stesso Problema può risolversi pel metodo dell'*Ugenio*, detto fondamentale dal *Riccati*, e delle azioni. Vediamolo.

Poste le stesse denominazioni, e posto un minimo movimento, (Fig. 3.a) per il quale trasferiscansi le potenze P, p nei punti infinitamente prossimi f, g, avremo

$$P \cdot Ff + p \cdot Gg = mu\,du + nc\,dc:$$

ma $u : c :: du : dc :: AC : BC$. di più $Ff : Gg :: CF : CG$ dunque sarà

$$\frac{Ff}{FC} \cdot \frac{P \cdot FC + p \cdot CG \cdot AC}{du \cdot m \cdot AC^2 + n \cdot BC^2} = \frac{u}{CA}.$$

Nell'altro pendulo ritroveremo similmente (Fig. 3.b) $H \cdot HB = e \cdot v\,dv$ dunque

$$\frac{H \cdot Hb}{c \cdot CH \cdot dv} = \frac{v}{CH};$$

ma per le condizioni del Problema, le due velocità angolari $\frac{u}{CA}$ e $\frac{v}{CH}$ devono essere uguali, dunque

$$\frac{(Ff \cdot P \cdot FC + p \cdot GC)CA}{FC \cdot du \cdot m \cdot CA^2 + n \cdot BC^2} = \frac{H \cdot Hb}{e \cdot CH \cdot dv} = \frac{H \cdot Hb \cdot CH}{e \cdot CH^2 \cdot dv};$$

ma per la similitudine dei triangoli $Hb : Ff :: CH : CF$, dunque $\frac{Hb}{CH} = \frac{Ff}{CF}$.
Similmente $du : dv :: CA : CH$, dunque $\frac{CA}{du} = \frac{CH}{dv}$, e fatte le opportune divisioni avremo

$$\frac{P \cdot CF + p \cdot CG}{m \cdot CA^2 + n \cdot CB^2} = \frac{H}{e \cdot CH};$$

dunque

$$CH = \frac{H}{e} \cdot \frac{m \cdot CA^2 + n \cdot CB^2}{P \cdot CF + p \cdot CG},$$

la qual formola non differisce dall'antecedente, dimostrata col metodo del *Galileo*. Il metodo non manca, qualunque sieno le forze delle potenze, tendenti ad un comune centro. Dimostriamolo.

32. (Fig. 4).

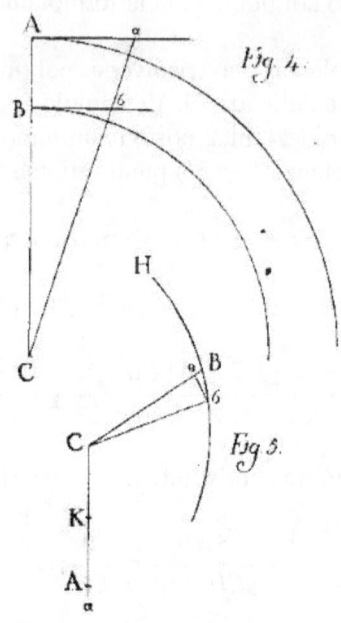

Fig. 4.

Fig. 5.

Muovansi due corpi per due curve qualunque attratti da forze dello stesso genere, e riferite ad un comune centro. In questa ipotesi le curve descritte saranno simili necessariamente.

Si chiamino le forze centripete P, p, i corpi m, n, le loro velocità u, c, e gl'incrementi di esse du, dc. Sieno le distanze dei corpi $CA = x$, $CB = y$, l'esponente $= q$, e suppongasi un minimo movimento, per cui i corpi si trasferiscano nei punti a, b prossimi infinitamente. Sarà dunque $P \cdot Aa = mx^2 du$, e $p \cdot Bb = ny^2 dc$, ma $u : c : : x : y$, dunque sostituiti questi valori, ed integrando

$$\int p \cdot Aa = \frac{m \cdot u^{q+1}}{q+1}$$

ed

$$\int p \cdot Bb = \frac{n \cdot c^{q+1}}{q+1};$$

dunque $\int p \cdot Aa : \int p \cdot Bb : : m \cdot u^{q+1} : n \cdot c^{q+1}$; ma per la similitudine dei triangoli $\int Aa : \int Bb :: CA :: CB :: x : y$, dunque $Px : py :: mu^{q+1} : nc^{q+1}$, dunque

$$(Px)^{\frac{1}{q+1}} : (py)^{\frac{1}{q+1}} :: u : c$$

presupposto $m = n$ o sia i corpi interamente uguali.

33. Ora chiamati i tempi, nei quali si descrivono gli archetti *Aa*, *Bb*, *dT*, *dt* avremo $u = \frac{dx}{dT}$ e $c = \frac{dy}{dt}$ e sostituiti questi valori nella formola, avremo

$$\frac{dT}{(Px)^{\frac{1}{q+1}}} : \frac{dt}{(py)^{\frac{1}{q+1}}} :: dx : dy$$

ed integrando

$$T : t :: (Px)^{\frac{q}{q+1}} : (py)^{\frac{q}{q+1}}.$$

COROLLARIO I

I tempi saranno sempre uguali, e vi sarà necessariamente isocronismo, se le potenze si dividano nella ragione reciproca delle distanze, in qualunque ragione delle distanze crescano, o diminuiscano le loro forze.

COROLLARIO II

Se $q = 1$, e le forze centripete varjno nella ragione inversa delle distanze, i tempi, e le velocità saranno nella ragione dimidiata delle medesime, le figure descritte apparterranno ad alcuna delle sezioni coniche, ed avrà luogo la legge dell'*Ugenio*. Se però q maggiore, o minore della unità, non avrà più luogo la predetta legge.

COROLLARIO III

Se $q = 0$, le due figure concorreranno, e saranno non solo simili fra di loro, ma ancora uguali. In questa ipotesi le velocità angulari saranno come gli spazietti descritti, ed avranno luogo le due note leggi del *Galileo*. Pur non dimeno i tempi non possono dimostrarsi dalla nostra formola, perché in questa ipotesi i tempi non possono farsi direttamente, come gli spazietti, e reciprocamente, come le velocità, come si è dimostrato sopra Num. 18.

34. Per ritrovare dunque i tempi in questa ipotesi, altro non ci vuole, che sostituirgli in vece dello spazio, o della velocità, e si troveranno sempre uguali, divise le potenze soltanto nella ragione reciproca delle masse.

35. Similmente avranno luogo le due leggi del *Galileo*, se per metodo delle sostituzioni, in luogo della potenza *P*, movente il corpo per *Aa*, un'altra se ne sostituisca movente il corpo *m* per *Bb*; lo che può sempre ottenersi qualunque si sia l'esponente q. Imperocché la forza della potenza *P*, movente il corpo per *Aa*, alla forza della potenza *Q*, movente il corpo per Bb $:: CB^q : CA^q$; dunque $P =$

$\frac{Q \cdot CA^q}{CB^q}$; dunque sarà sostituito questo valore $\frac{Q \cdot CA^q \cdot Aa}{x^q \cdot CB^q}$: $\frac{p \cdot Aa}{y^q}$ :: $m\,du : n\,dc$, e posto $x = CA$, $y = CB$, sarà $Q \cdot Aa : p \cdot Bb :: m\,du : n\,dc$; e poste le potenze come le masse, gli spazietti trascorsi saranno come le velocità, ed avranno luogo soltanto le due leggi del *Galileo*.

36. La ragione n'è troppo evidente, imperocché qualunque siasi la ragione, colla quale le forze crescono, o diminuiscono, poste ad uguali distanze dal centro, ogni differenza svanisce, e tutta la loro energia dipende necessariamente dalla grandezza della potenza; dunque le forze centripete saranno perpetuamente nella semplice ragione delle potenze, ed immutabilmente soggette alle leggi del *Galileo*, se crescendo nella stessa ragione si costituiscano a distanze uguali dal centro. Quindi il metodo del *Galileo* è universalissimo, e tutti quanti i moti della natura e le forze tutte valevoli di produrli, sono sottoposte alle sue leggi, se pel suo metodo, e pel metodo del *Bernoulli* si sostituiscano o nuove potenze, o nuovi corpi, e si convertano i movimenti indiretti in diretti, come tante volte abbiamo detto, ed asserito nella Propos. 1.

COROLLARIO IV

Qualunque siasi l'esponente q, il movimento sarà sempre costante, e simili per conseguenza le figure descritte, se le forze crescenti nella ragione istessa si riferiscano ad un comune centro. Imperciocché supposto $CB = y$, $CA = ry$, e posto $m = n$ avremo

$$(Pry)^{\frac{1}{q+1}} : (Py)^{\frac{1}{q+1}} :: u : c$$

La qual proporzione essendo costante dimostra, che presupposto ancora costante il moto dei corpi, l'equazione meccanica può variare, ed il moto generato esser sottoposto a leggi differentissime. Di fatti i tempi, e le velocità riferite agli spazietti simili, e descritti in un dato tempo hanno differenti rapporti dati differenti valori all'esponente q.

37. Tutte queste leggi dimostransi se il tempo, e la velocità si comparino soltanto collo spazietto per cui si esercita la potenza, e possono aver luogo non solo presupposta la forza acceleratrice[128], ma nel moto equabile eziandio e negli urti de' corpi. Quindi non fa maraviglia, che dalla teoria delle forze continuamente applicate si dimostrino le leggi della comunicazione del movimento, e che sieno differenti le leggi di comunicazione nelle due ipotesi considerate, e computate dai Matematici.

Similmente altre leggi di comunicazione di moto potrebbero ottenersi negli urti dei corpi, se essi si costituissero in guisa tale che le loro forze né fossero nella

---

[128] L'Eulero fu il primo, che dalla teoria delle forze continuamente applicate, dimostrò le leggi della comunicazione di movimento prima dimostrate presupposto il moto equabile, ed uniforme. Leggasi il Riccati nei Dialoghi delle forze vive nelle Giornate 10 e 11.

semplice ragione dei corpi, né nell'inversa ragione delle distanze. Ciò può ottenersi se i corpi urtanti sieno costretti a muoversi per linee differenti dal circolo, come costa dalla nostra dimostrazione, ed è vero ciò, che si è osservato al Num. 19. Se però i tempi, e le velocità si riferissero soltanto allo spazio intiero trascorso, ciò che non può accadere, se non presupposta la forza acceleratrice, altre leggi, altri rapporti dimostreransi non affatto dissomiglianti a quelli da noi dimostrati, costituita variabile la forza della potenza.

38. Finora si sono computate le forze centripete non dissimili alle potenze costanti, riferite ad un comune centro, e si è fatto palese, che poste le distanze uguali, ciò che può sempre ottenersi, servendosi del metodo del *Galileo*, o del *Bernoulli*, le loro azioni, posti i tempi uguali, sono sempre nella semplice ragione delle potenze, ed hanno luogo soltanto le due leggi del *Galileo*, e che poste le distanze disuguali, le leggi risultanti sono le medesime che si osservano, posta variabile la forza della potenza: indizio certo, ed a mio avviso evidente, che le forze nelle due ipotesi computate, quantunque dissimili le potenze, non differiscono fra loro, e sono necessariamente dello stesso genere.

39. La stessa variazione nelle leggi si osserva, quantunque le forze conservino le medesime distanze da un comune centro purché le loro direzioni non sieno fra loro parallele. Noi renderemo sensibile questa verità colla risoluzione di due Problemi.

PROBLEMA V

40. *Sieno due corpi A, B uniti con una corda indistraibile ACB, (Fig. 5) che passa per una carrucola posta in C. Il primo descriva quella linea retta per la quale viene sollecitato, ma il secondo sia costretto a descrivere una determinata curva: si domanda la velocità dell'uno, e dell'altro corpo.*

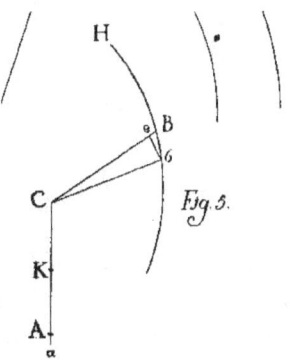

Fig. 5.

RISOLUZIONE

159

41. Sieno giunti i corpi in *A*, *B*. Si chiami la velocità del primo *V*, la velocità del secondo *u*. Suppongasi un minimo movimento, e si trasferisca il primo nel punto *a*, il secondo nel punto *b*, e fatto centro in *C*, si descriva l'archetto *bc*. È certo che essendo la corda indistraibile, sarà *Bc* = *Aa*. Questo supposto, chiamata la potenza G, avremo pel metodo dell'*Ugenio*

$$G \cdot Aa = A \cdot V \, dv + B \cdot u \, du,$$

ed

$$\int G \cdot Aa = \frac{AV^2}{2} + \frac{Bu^2}{2};$$

ma *V* : *u* : : *Bb* : *Aa* dunque $u = \frac{V \cdot Aa}{Bb}$, ed $V = \frac{u \cdot Bb}{Aa}$. Se il primo valore si sostituisca nella formola, avremo

$$\int G \cdot Aa = A \cdot V^2 + \frac{B \cdot V \cdot (Bb)^2}{2(Aa)^2}$$

ovvero

$$V^2 = \frac{\int G \cdot Aa \cdot 2(Aa)^2}{A \cdot (Aa)^2 + B \cdot (Bb)^2},$$

ma sostituito il secondo valore si avrà

$$\frac{\int G \cdot Aa \cdot 2(Bb)^2}{A \cdot (Aa)^2 + B \cdot (Bb)^2} = u^2.$$

42. La stessa verità si dimostra pel metodo del *Galileo*. Non si richiede altro, che computare la forza del corpo *B* moventesi per *Bb*. Sarà dunque *Aa* : *Bb* :: *B* : $\frac{B \cdot Bb}{Aa}$: ora suppongasi un minimo movimento, e chiamato il tempetto *dt* sarà

$$G \cdot dt = A \cdot dV + \frac{b \cdot Bb \, du}{Aa}, \text{ se } Bb = Aa, \text{ sarà } G \cdot dt = A \cdot dV + B \cdot du \text{ ,ed}$$

avranno luogo non solo le formole, ma le due leggi eziandio del *Galileo*. Questo però non potrà ottenersi giammai, se il corpo *B* non segua la direzione della potenza, e sia costretto a viaggiare per una curva, o linea inclinata alla direzione di essa, o se pel metodo della sostituzione delle forze, in luogo del corpo *B*, un altro non se ne sostituisca dotato della direzione stessa della potenza. Ma ritenendo il corpo *B*, e l'ipotesi del Problema, ed essendo *Bb* = *u dt*, ed *Aa* = *V dt*, sostituiti

160

questi valori nell'equazione differenziale, sarà $G \cdot Aa - B \cdot u\, du = A \cdot V\, dV$, ed integrando $\int G \cdot Aa = A \cdot V^2 + B \cdot u^2$.

43. Per qualunque di questi due metodi si può sempre rinvenire la tenacità della corda. Imperocché per i due metodi si trova $T \cdot Aa = B \cdot u\, du$; ma similmente per i due metodi si è dimostrato $G \cdot Aa - A \cdot V\, dV = B \cdot u\, du = T \cdot Aa$, dunque $T = G - \frac{A \cdot V\, dV}{Aa}$, e differenziando il valore di V^2 trovato di sopra, e sostituitolo nella formola, avremo la tenacità della corda

$$T = G - \frac{A}{Aa} \cdot \frac{D \cdot (Aa)^2 \cdot \int G \cdot Aa}{A \cdot (Aa)^2 + B \cdot (Bb)^2}$$

come volevasi dimostrare.

PROBLEMA VI

Discendano due corpi dai punti di quiete H, K, (Fig. 6) trasportato il primo dalla forza F, che è diretta al centro D, l'altro dalla forza G diretta al centro E. Sieno i due corpi giunti con una corda, che distrazione non ammette, e che si piega sempre al punto C. Sia obbligato il corpo B a viaggiare per la curva HGC, ed il secondo per la curva CKA, e si cerchino le loro velocità.

RISOLUZIONE

44. Sieno i corpi giunti nei punti B, A, e si promuovano nei punti infinitamente vicini b, a. È chiaro, che descritti col centro C gli archetti be, Al, sarà $be = Al$, e questa è la condizione con che si devono prendere gli elementi delle curve Bb, Aa. Menate le DB, Db, e descritto col centro D l'archetto Bn, e menate similmente le EA, Ea, e descritto l'archetto am, le loro azioni saranno $G \cdot Am$, $F \cdot bn$. Se i due corpi si avvicinano ai loro centri, si dovrà prendere la somma; ma se avvicinandosi l'uno, se ne discosti l'altro, si dovrà prendere la differenza. Noi supponiamo la seconda ipotesi.

Ciò posto secondo il metodo dell'*Ugenio* sarà $G \cdot Am - F \cdot bn = A \cdot V\, dV + B \cdot u\, du$; ma $V : U : : Aa : Bb$, dunque integrando sarà

$$\int G \cdot Am - F \cdot bn = \frac{A \cdot V^2}{2} + \frac{B \cdot u^2}{2},$$

e sostituito il valore di u sarà

$$\int G \cdot Am - F \cdot bn = \frac{A \cdot V^2}{2} + \frac{B \cdot V^2 \cdot Bb}{2(Aa)^2}$$

Ovvero

$$\frac{(\int G \cdot Am - F \cdot bn) \cdot 2(Aa)^2}{A \cdot (Aa)^2 + B \cdot (Bb)^2} = V^2 \, ,$$

colla stessa facilità si risolve il Problema pel metodo del *Galileo*. Altro non fa di mestieri, se non computare la forza delle potenze. Vediamo

$$Aa : Am :: G : \frac{G \cdot Am}{Aa} ;$$

similmente

$$Bb : Bn :: F : \frac{F \cdot bn}{Bb}.$$

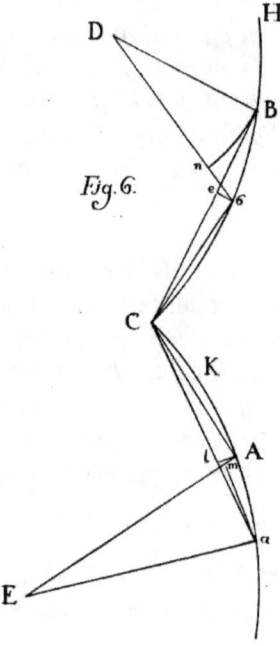

Fig. 6.

Ora chiamato il tempicello dt, avremo $C \cdot Am \, dt = A \cdot Aa \, dV$ ed $F \cdot bn \, dt = b \cdot Bb \, du$, dunque $G \cdot Am \, dt - F \cdot bn \, dt = A \cdot Aa \, dV + B \cdot bb \, du$. Se $Am = Aa$, e $bn = Bb = Am$, avrebbe luogo ancora la legge del *Galileo*. Si otterrebbe lo stesso, se invece dei corpi A, B se ne sostituissero altri, le di cui direzioni non differissero dalle direzioni delle potenze. Ritenendo però le ipotesi del Problema, ede essendo $Bb = u \, dt$, ed $Aa = u \, dt$, sarà sostituiti questi valori nell'equazione, e dividendo per dt, $G \cdot Am - F \cdot bn = A \cdot v \, dV + B \cdot u \, du$, ed integrando

$$\int G \cdot Am - F \cdot bn = \frac{A \cdot V^2}{2} + B \cdot u^2$$

come si è dimostrato di sopra.

45. Similmente può risolversi il Problema per i due metodi, computandosi ancora la tenacità della corda. Secondo il metodo dell'*Ugenio*, chiamata la tenacità della corda T sarà la sua azione $T \cdot al$, dunque per lo stesso metodo sarà

$$G \cdot Aa - T \cdot al = A \cdot V \, dV,$$

similmente l'azione della tenacità della corda F sarà $T \cdot Be$; ma allontanandosi il corpo B dal centro sarà l'azione della forza $T \cdot Be - F \cdot bn = B \cdot u \, du$. Queste due equazioni similmente si ottengono pel metodo del *Galileo*; imperocché $Aa : Am :: G : \frac{G \cdot Am}{Aa}$, ed $An : al :: T : \frac{T \cdot al}{Aa}$ similmente $Bb : Be :: T : \frac{T \cdot Be}{Bb}$, e $Bb : bn :$ $: F : \frac{F \cdot bn}{Bb}$. Ora chiamato il tempo dt si otterranno queste due equazioni

$$\frac{(G \cdot Am - T \cdot al) \, dt}{Aa} = A \cdot dV, e \ \frac{(T \cdot Be - F \cdot bn) \, dt}{Bb} \ ;$$

ma $Aa = V \, dt$, e $Bb = u \, dt$: dunque sostituendo questi due valori sarà dividendo per dt, $G \cdot Am - T \cdot al = A \cdot v \, dV$, e $T \cdot Be - F \cdot bn = B \cdot u \, du$, che sono le due equazioni di sopra ritrovate per l'altro metodo.

48. Prendendo dunque gl'integrali delle due formole, sarà

$$\int G \cdot Am - \int T \cdot al = \frac{A \cdot V^2}{2},$$

ed

$$\int G \cdot Am - \frac{A \cdot V^2}{2} = \int T \cdot al.$$

Similmente

$$\int F \cdot bn - \frac{B \cdot u^2}{2} = \int T \cdot Be.$$

Ma essendo per le condizioni del Problema $\int T \cdot al = \int T \cdot Be$, sarà

$$\int (G \cdot Am - F \cdot bn) = \frac{A \cdot V^2 + B \cdot u^2}{2}.$$

47. Da questi due metodi si dimostra la misura della tenacità della corda; perciocché abbiamo trovato per i due metodi

$$\int G \cdot Am - \frac{A \cdot V^2}{2} = \int T \cdot al \, ;$$

e surrogando il valor della V^2 dianzi trovato, si avrà

$$\int G \cdot Am - \frac{A \cdot (Aa)^2 \cdot [\int (G \cdot Am) - \int (F \cdot bn)]}{A \cdot (Aa)^2 + b \cdot (Bb)^2.} = \int T \cdot al,$$

e differenziando

$$G \cdot Am - D \frac{A \cdot (Aa)^2 \cdot [\int (G \cdot Am) - \int (F \cdot bn)]}{A \cdot (Aa)^2 + b \cdot (Bb)^2.} = T \cdot al,$$

e dividendo per al,

$$\frac{G \cdot Am}{al} - \frac{1}{al} D \frac{A \cdot (Aa)^2 \cdot [\int (G \cdot Am) - \int (F \cdot bn)]}{A \cdot (Aa)^2 + b \cdot (Bb)^2.} = T;$$

come si doveva ritrovare.

48. Tutte queste dimostrazioni ad evidenza convincono, che le forze dette volgarmente costanti, sono veracemente variabili, e che intanto le due note leggi del *Galileo*, presupposta ancora costante la potenza, non possono aver luogo in simili ipotesi, in quanto le forze residenti in esse si mutano, e variano, o mutate le distanze dei corpi da un comune centro, o variate le posizioni dei piani. Ed ecco semplice tutto l'inviluppato sistema della natura; ecco dissipati i misterj della Meccanica, ed ecco in qualche maniera avverato il Romanzo fisico del gran *Cartesio*. Se una forza medesima può indurre infiniti cangiamenti di stato nei corpi, se può vestire forme differentissime, ed avere infiniti rapporti, perché un moto solo impresso nella materia col dito onnipotente del Creatore di tutto non sarà valevole di produrre tutta la varietà, e molteplicità di tanti effetti meravigliosi, e stupendi fenomeni della natura? Se però tutti questi effetti, e fenomeni non potessero procedere da un istesso principio, diversamente cangiato, e modificato; se i diversi cangiamenti nei corpi esiggessero cause per sua natura adattate a produrli, e che dovessero necessariamente produrli; sarebbe certamente inesplicabile, e non intelligibile un moto così diversamente variato, o tanta varietà, e molteplicità di moti, che fossero per sua natura proporzionati a generare, e produrre gli infiniti, ed in infiniti modi variati effetti della natura. Questa fru la somma, ed insuperabile difficoltà, che presso il mondo incontrava il sistema fisico del gran *Cartesio*. Tuttavia il mondo tutto era Cartesiano, quando comparve il *Newtono*. Questo grand'uomo, e straordinario rapì l'ammirazione di tutti, e rivolse a se gli occhi

dell'universo per le sue utilissime invenzioni, teorie sublimi, e soluzioni di tanti Problemi, non prima di lui dimostrati. Ogni dimostrazione del *Newton* distruggeva una, o molte ipotesi del *Cartesio*. Egli osservò la natura, contemplò i suoi effetti meravigliosi, egli assoggettò alle sue leggi, determinò la natura, e qualità delle forze atte a produrli, né contento di tutto ciò, credette ancora, che simili cause veracemente esistessero, e che fossero le vere cagioni di tutti quegli effetti della natura. Convinto il mondo dallo splendore della verità, che parlava per la bocca del *Newton*, abbracciò non solo le sue dimostrazioni, e teorie verissime, ma si dichiarò ancora seguace delle sue ipotesi, credendole vere, e rigettò le immaginose, e fantastiche ipotesi del *Cartesio*. Allora le oscure qualità, e peripatetiche, esiliate prima, e proscritte, ricuperarono l'antico splendore, e comparvero un'altra volta sul teatro del mondo, ed ornate del titolo specioso di *forze*, formarono la delizia di tutti. Ogni effetto era generato dall'attrazione mutua dei corpi, e le forze centripete variabili nella ragione inversa dei quadrati delle distanze rimbombavano nelle bocche di tutti. Pur nondimeno simili idee erano soggette a difficoltà gravissime, si opponevano a moltissimi effetti nella natura, e contraddicevano i principj più giusti della ragione. Essa parlava alla mente dell'uomo per piccioli intervalli scevro d'ogni pregiudizio, e pienamente lo convinceva, che la materia era inerte, che da se non aveva forza veruna, che non fosse da un'altra comunicata, e che le forze tutte, di che era dotata, erano veri effetti, e non mai cagione vera del movimento. Ma come ritrovare un moto, che producesse nell'inerte materia tante attività, ed energie differenti? Eppure questo grand'ostacolo, e difficoltà quasi insuperabile, che urtò per tanto tempo colla verità e poté ricoprirla delle più folte tenebre, si dissipa, e interamente svanisce, non solamente perché leggi, e rapporti diversi si ottengono, persistendo i corpi, e le potenze medesime, come abbiamo dimostrato; ma molto più ancora perché le velocità costanti, ed uniformi dei corpi possono avere similmente infiniti rapporti, e generarsi da infinite cause dissomiglianti fra loro, e di diverso genere; perché le cause producitrici degli effetti tutti della natura, quantunque in se stesse, e per natura sua costanti, possono mutarsi, esercitare diverse azioni, ed indurre nei corpi infiniti cangiamenti di stato; e perché finalmente tutta la teoria delle forze centripete dimostrata dall'immortale *Newtono* è appoggiata tutta su i differenti rapporti, che ha, e deve avere la velocità costante, ed uniforme, computata da diversi punti.

49. Per mettere sotto gli occhi di tutti questa verità, base, e fondamento della Meccanica, ed unico, e fecondissimo principio della natura, prendasi un corpo, il quale si muova equabilmente per una retta, o curva qualunque (Fig. 7).

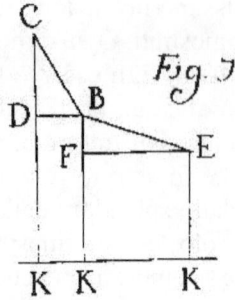

Fig. 3.

Nessuna potenza si supponga applicata contro di esso, e si misuri la sua velocità per le distanze da un piano dato di posizione. Chiamisi la costante velocità del corpo V, quella per cui si avvicina alla linea di posizione u, ed il suo incremento du. Avremo

$V : u :: CB : CD :: 1 : 1 \cdot \frac{CD}{CB}$, ed $V : (u + du) :: BE : BF :: 1 : \frac{BF}{BE}$: dunque *ex æquo*

$$u : (u + du) :: \frac{CD}{CB} : \frac{BF}{BE} \ ;$$

e dividendo $u : du :: \frac{CD}{CB} : \frac{BF}{BE} - \frac{CD}{CB}$, dunque

$$du = \frac{(BF \cdot CB - BE \cdot CD) \cdot u}{BE \cdot CD}.$$

50. Suppongasi al presente essere CB, BE due elementi di curva. Se $CB = ds$, sarà $BE = ds + d^2 s$, e se $CD = dy$ sarà $BF = dy + d^2 y$, e sostituiti questi valori sarà

$$\frac{u(ds\, dy + ds\, d^2 y - ds\, dy - dy\, d^2 s\ )}{dy\, ds + dy\, d^2 s} = du \ ;$$

e cancellati i termini, che distruggonsi, ed ommesso il secondo termine del divisore, che paragonato all'altro, è infinitesimo, avremo

$$du = \frac{u(ds\, d^2 y - dy\, d^2 s\ )}{dy\, ds} = u \left(\frac{d^2 y}{dy} - \frac{d^2 s}{ds} \right)$$

la qual formula determina l'incremento della velocità di accesso alla linea data di posizione. Se $\frac{d^2 y}{dy} < \frac{d^2 s}{ds}$, diminuirà la velocità di accesso, e crescerà se $\frac{d^2 y}{dy} > \frac{d^2 s}{ds}$.

COROLLARIO I

La velocità colla quale il corpo si avvicina alla linea data di posizione non potrà esser costante, presupposta costante la velocità vera del corpo se $\frac{d^2y}{dy}$ non uguaglia $\frac{d^2s}{ds}$. Quindi se due corpi uguali si movessero per le due direzioni, le forze loro non sarebbero uguali, se non cangiata, e mutata continuamente la loro velocità. Se $\frac{d^2y}{dy} = \frac{d^2s}{ds}$, sarà $du = 0$, e nullo per conseguenza l'incremento della velocità di accesso: dunque due corpi movendosi con forze uguali potrebbero ancora muoversi con velocità costanti, ed equabilmente. Integrando la formula in questa ipotesi, sarà $A \cdot dy = ds$. In questa medesima ipotesi, due ipotesi fra lor dissimili devonsi separare, e distinguere. Se $A = 1$ sarà $dy = ds$, e parallela la posizione dei piani:dunque la velocità, colla quale si muove il corpo, non sarà differente dalla velocità di accesso: dunque le forze di due corpi uguali, moventisi per le due direzioni, saranno in semplice ragione delle velocità ed avranno luogo le due leggi del *Galileo*. Questa è l'ipotesi dei gravi cadenti, considerata dal *Galileo*.

COROLLARIO II

Se A è maggiore, o minore dell'unità, la velocità del corpo sarà differente dalla velocità di accesso, sebbene costante la differenza: dunque due corpi uguali aventi velocità disuguali potranno essere forniti della medesima forza: dunque le forze residenti nei corpi non potranno farsi nella semplice ragione dei corpi. Se questa conseguenza non è vera, non potrà concepirsi come corpi uguali moventisi con velocità disuguali, e per ispazj disuguali possano costare della forza medesima. Ma se le forze loro variano nella ragione stessa della velocità, e le forze dei corpi farsi o maggiori o minori; corpi uguali moventisi con velocità disuguali potranno essere animati dalla forza della medesima. Dimostriamolo.

Sia la forza del corpo che si muove per $CB = m$, quella del corpo moventesi per $CD = n$, ed avremo $M : n : : CB : CD : : ds : dy$; dunque $n\, ds = m\, dy$, dunque $n = \frac{m\, dy}{ds}$; e passando dai numeri ai logaritmi sarà $\log n = \log m + \log dy - \log ds$, e differenziando posto m costante sarà $\frac{dn}{n} = \frac{d^2y}{dy} - \frac{d^2s}{ds}$, e $dn = n \cdot \left(\frac{d^2y}{dy} - \frac{d^2s}{ds} \right)$, la qual formula fa vedere, che la forza residente nel corpo è variabile nella stessa ragione della velocità. Coll'istesso giro di calcolo potrà dimostrarsi, che le forze delle potenze sono variabili secondo le differenti posizioni dei piani. Se $\frac{d^2y}{dy} > o < \frac{d^2s}{ds}$, la forza non potrà ottenersi costante, se non presupposto un minimo movimento.

COROLLARIO I

Se $dn = 0$, e per conseguenza $\frac{d^2y}{dy} = \frac{d^2s}{ds}$, sarà integrando $A\ dy = ds$. Se $A = 1$ le forze, come le potenze. Questa medesima proposizione dimostrasi per i principi Statici, e le due potenze uguali applicate al vette, restano in equilibrio, se le loro direzioni, o gli angoli formati dalle loro direzioni siano uguali.

COROLLARIO II

Se la quantità A fosse maggiore, o minore dell'unità, la differenza potrà esser costante, ma non già annullarsi: dunque le forze residenti nelle potenze non potranno farsi in semplice ragione delle potenze, e saranno nella ragione inversa dei seni, o coseni degli angoli formati dalle direzioni loro. Questo principio è così universale, e così fecondo, che il *Varignon*, servendosi solo di esso, formò una nuova Meccanica, e dimostrò tutta la teoria dell'equilibrio, e l'applicazione alle macchine. Pur nondimeno il principio non è a mio credere universalissimo, e vale soltanto, se l'angolo formato dalle direzioni dei corpi non differisca infinitamente dagli angoli circolari, come si è osservato di sopra nella nota 3. Chechè ne sia di ciò, il certo si è, che la forza dei corpi soffre sempre qualche variazione, e cangiamento, variata non meno la loro distanza, se si riferiscono ad un comune centro, o variata la loro direzione, e nasceranno differenti ragioni, secondo le differenti ipotesi.

51. Dimostrata la natura, e qualità delle forze, dimostriamo le leggi regolatrici di simili movimenti. Se posto un minimo moto, o computando soltanto il moto iniziale, la forza in qualunque ragione variabile si può fare nella semplice ragione della potenza, il movimento generato sarà soggetto alle due leggi del *Galileo*. Questo può ottenersi soltanto, quando la direzione della potenza non è diversa dalla direzione del corpo, e la costante A non è maggiore dell'unità. Se però essa fosse maggiore dell'unità, ed il moto si conservasse indiretto, né la forza potrebbe farsi nella semplice ragione della potenza, presupposto ancora minimo il movimento, né potrebbe essa computarsi per le due leggi del *Galileo*. Ciò appunto addiviene ne' movimenti indiretti, nei quali l'angolo formato dalle due direzioni non può annullarsi. Se questo angolo fosse costante persistendo il medesimo movimento, sarebbe similmente costante, ed invariabile il moto generato; ciò che può ottenersi soltanto nel circolo, nella spiral logaritmica, e nel piano inclinato. In tutte le altre ipotesi è sempre mutabile l'angolo, e variabile per conseguenza in una ragion variabile la forza della potenza. Ma poiché qualunque siasi l'angolo, purché non supponsi infinitamente più grande, o infinitamente più piccolo degli angoli circolari, può sempre confondersi con essi angoli, presupposto il moto iniziale; le leggi, che presupposto il moto circolare potranno dimostrarsi, saranno le leggi fondamentali, e regolatrici di simili movimenti.

52. Questo supposto, sia un circolo per il quale si muova un corpo attratto da una forza costante, costituita nel centro. Tutto quello, che nel circolo si dimostra,

può similmente dimostrarsi nel piano inclinato, (Fig. 8) e nella spiral logaritmica per riguardo alle forze tendenti al centro della figura.

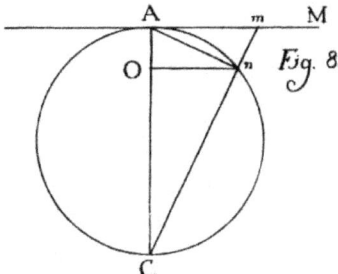

Fig. 8.

Pervenuto il corpo nel punto A si tiri la tangente AM, e la perpendicolare CA. Suppongasi un minimo movimento, e si trasferisca il corpo nel punto m. Essendo differenti le direzioni del corpo, e della potenza, e tirando dal punto n la parallela no, sarà, chiamata la potenza centripeta p, $Am : mn = Ao :: p : p \cdot \dfrac{Ao}{Am}$. Computata la forza, chiamisi il tempo per $mn = Ao$, dt, la massa del corpo m, la velocità, che si acquista du, ed avremo per le formole del *Galileo* $p \cdot \dfrac{Ao \, dt}{Am} = m \, du$, e $p \cdot Ao \, dt = m \cdot Am \, du$, ma $Am \, du = u \, dt$, dunque $p \cdot Ao = mu \, du$, ed integrando $\int p \cdot Ao = \dfrac{mu^2}{2}$, e posto $\int Ao = r$ sarà

$$p = \frac{mu^2}{2r}.$$

Questa legge si è dimostrata nei movimenti diretti, presupposta variabile la forza della potenza nella ragione inversa delle distanze.

53. Di più essendo $u = \dfrac{Ao}{dt}$ sarà sostituendo questo valore, e posto $2p = m$, $\sqrt{\int Ao} = \dfrac{Ao}{dt}$, e $dt = \dfrac{Ao}{\sqrt{\int Ao}}$, ed integrando $t = 2\sqrt{\int Ao} = 2\sqrt{r}$, ed i quadrati dei tempi sono nella ragione dei raggi.

Queste leggi non variano, ora il moto dei corpi suppongasi accelerato, ora viaggino essi equabilmente. Ma se il moto suppongasi accelerato, e continuamente cresca la velocità dei corpi, varierà la legge del tempo, e la velocità riferita allo spazio intiero trascorso. Di fatti questo spazio nella presente ipotesi verrà rappresentato per l'area Ano, e per conseguenza $p \cdot Ao \, du = \dfrac{mu^2 du}{2}$, e posto $Ao \, du = dx$, e $2p = m$, sarà $x = \dfrac{m \, u^3}{3}$, cioè i cubi delle velocità, come gl'intieri spazj con moto accelerato descritti.

54. Per determinare i tempi si estragga la radice cubica, e farà $u = (3x)^{\frac{1}{3}}$, ed essendo $u = \frac{dx}{dt}$, sarà $dt = \frac{dx}{(3x)^{\frac{1}{3}}}$, ed integrando

$$t = \frac{3}{2} \cdot (3x)^{\frac{2}{3}},$$

dunque i cubi dei tempi saranno come il quadrato dello spazio; ma se i tempi si rappresentino per questi spazj, si troveranno nella sesquiplicata ragione dei raggi; poiché

$$\int Ano = t = \int (Ao)^{\frac{3}{2}}$$

55. Queste due leggi, che, presupposto accelerato il movimento, abbiamo dimostrato nella precedente ipotesi, sono opposte, e repugnanti alle due leggi del *Galileo*, ed è verissimo ciò, che si è stabilito nella seconda proposizione, cioè, nessuna connessione, e rapporto trovarsi fra i due metodi, ed essere le leggi in essi contenute del tutto opposte. Quindi è falsa evidentemente l'opinione del *Riccati*, e del *d'Alembert*, i quali cedettero comune, ed universale la legge degli spazj del Galileo, e che reggeva nei movimenti diretti non meno, che negl'indiretti, e singolare quella dei tempi. Da questo falso, ed assurdo principio, contraddetto solamente da noi nell'opuscolo *De vera etc.* Quante opinioni false non sono originate! Quanti paradossi prodotti! Quanta oscurità ed incertezza non ridondò nella Meccanica, e nelle altre scienze, che da essa ripetono le sue leggi, i suoi principj? la Idraulica, quella scienza utilissima, e tanto coltivata nel nostro secolo, basterebbe da se sola per convincere la verità della mia asserzione. Le sue teorie parte conformi, e parte ripugnanti agli esperimenti, sono incerte, ed oscure, né atte per conseguenza a fissare le leggi dei fluidi, ed i principi di questa scienza. Il *Guglielmini* fu il primo, che applicando le due leggi del *Galileo* alla scienza dei fluidi s'avvide che esse corrispondevano esattamente agli esperimenti presi nelle acque discendenti per canali non retti, ma obliqui. Egli ne restò meravigliato, e sommamente sorpreso di un sì raro, e inopinato evento. Quante risposte non furon date, quante resistenze inventate, che non ebbero altro essere, che nell'immaginazioni riscaldate dei Fisici, quanto esagerate, ed ingrandite le vere per conciliare la teoria cogli esprimenti? Era però troppo grande, e sensibile la differenza dei risultati per coprire l'errore a forza di sottigliezze. Disperati pertanto gl'idraulici di rinvenire una ipotesi, che soddisfacesse agli esperimenti, essi abbandonarono la teoria del Guglielmini, e si appigliarono all'oscuro e troppo meschino partito di ritrovare la vera legge a forza di sperimenti.[129]

---

[129] Vedasi il saggio del Bonati sopra una nuova teoria idraulica.

Ma come fissare invincibilmente una legge con i soli sperimenti troppo incerti, ed oscuri, e troppo frequentemente dissimili, e discordanti fra loro? Quante cause, che sfuggono alla vista dei più acuti sperimentatori, non possono concorrere, e perturbare, e variare i risultati negli esperimenti? La teoria dei gravi cadenti si sarebbe ella potuto determinare a forza di sperimenti? Tuttavia le leggi che da essi risultano, si devono sempre approssimare alle vere leggi della natura. Ed invero gl'idraulici tutti ammaestrati soltanto dall'esperienza, prevalentemente convengono, che le velocità dei fluidi obliquamente discendenti sono sempre nella sub triplicata ragione delle altezze. E questa legge non è ella la legge da noi dimostrata nel circolo, e che potrebbe similmente dimostrarsi nel piano inclinato? Ma questa legge è diversa dall'altra dimostrata similmente nel piano inclinato, né possono framischiarsi e confondersi senz'evidente paralogismo. Per la prima si computa soltanto l'azione della gravità, e si paragona la velocità del corpo allo spazietto per cui si esercita la potenza: al contrario per la seconda si computa l'azione non solo della gravità, ma l'azione della medesima posta in moto, o sia l'azione della forza della gravità, la di cui somma è sempre proporzionale alle altezze; e questa, e non quella può e deve corrispondere agli sperimenti, ed ecco l'origine della reale contraddizione, e vera della teoria coi veri effetti della natura.

56. Un'altra riflessione ancora metterà in tutto il suo lume la mia asserzione, e farà palese l'abuso delle leggi della Meccanica. La legge non meno dei tempi, che delle velocità, può prendersi in sensi diversi, ed applicarsi ad ipotesi differenti; ed in sensi differenti si è presa, ed applicata ad ipotesi differenti. Noi abbiamo dimostrato, che presupposto il moto accelerato, i tempi nei corpi moventesi circolarmente erano nella sesquiplicata ragione delle distanze. Questa legge similmente dimostrata dal *Newton* nella stessa ipotesi, si osserva nei corpi celesti, e tutti gli Astronomi ammaestrati dalle osservazioni celesti convengono in questa legge: dunque i corpi celesti descrivono intorno al loro pianeta tanti circoli concentrici, e le azioni delle forze, colle quali sono attratti verso il centro, sono nella ragione inversa dei raggi. Ma questa conseguenza si oppone evidentemente al consenso degli Astronomi tutti dopo il gran *Keplero*, contradice ai fenomeni della natura, ed essa non regge, se 'l moto dei pianeti non suppongasi accelerato. In fatti la stessa legge si osserva in un'altra ipotesi ben differente, e presuppostele forze di diverso genere. Il *Newton* fu il primo, che ne diede la dimostrazione. Egli supponendo la figura descritta dai pianeti ellittica secondo la ipotesi del gran *Keplero*, e costituita la forza attraente in uno dei fochi della medesima, geometricamente dimostrò crescere, o diminuirsi le forze nella ragione inversa dei quadrati delle distanze; ed i tempi nella sesquiplicata ragione delle medesime. Il *Bernoulli*, risolvendo l'inverso Problema, dimostrò similmente essere la figura necessariamente ellittica, presuppostele due ipotesi. Io non ripeto le dimostrazioni ricevute da tutti concordemente; rifletto soltanto, che le due leggi nelle due ipotesi dimostrate, quantunque simili in apparenza, sono opposte, e ripugnanti fra loro, né possono fluire da uno stesso principio, e presupposto il medesimo movimento: certamente se il moto planetario è accelerato, e non equabile, ed uniforme, i tempi

saranno soltanto nella ragione sesquiplicata dei raggi vettori, presupposta circolare l'orbita dei pianeti, come si è dimostrato al Num. 54. Ma in questa ipotesi la forza acceleratrice sarà costante, produrrà una costante velocità, ed un costante cangiamento di stato nei corpi; varierà nella ragione inversa delle distanze, e dovrà necessariamente occupare il centro della figura: imperciocché in qualunque altro punto si costituisca la forza acceleratrice o fuori o dentro della figura, una potenza costante non potrà indurre nel corpo una velocità costante, né si otterrano le stesse leggi, ma altre del tutto opposte. Quindi se la eccentricità dei pianeti non fosse molto sensibile, e potesse quasi annullarsene la differenza, la ipotesi degli antichi Astronomi meravigliosamente si accorderebbe coll'accelerazione del moto, e colla legge dei tempo, consacrata dal consenso di tutti gli Astronomi, e confermata dalle osservazioni celesti: se poi non questa, ma l'ipotesi sussista del gran *Keplero*, e corrisponda esattamente alle osservazioni celesti; se le orbite planetarie per conseguenza sieno ellittiche, ed il pianeta intorno al quale girano,e si avvolgono gli altri pianeti, i cui movimenti ad esso si riferiscono, e da esso si computano, occupi necessariamente uno dei fochi della figura, i tempi non possono farsi nella sesquiplicata ragione dei raggi, presupposta la forza acceleratrice, e non equabile, ed uniforme il movimento; e la teoria tutta delle forze centripete, che tanto ha oscurato la Metafisica, altro in vero non è se non differenti rapporti delle forze, e delle velocità degli stessi corpi, computate da punti differenti. In questa sola ipotesi sono verissime le dimostrazioni del *Newton*, del *Bernoulli*, e di altri, e sono meravigliosamente conformi alle osservazioni celesti: quando all'incontro si opporrebbero, e distruggerebbero la nota, ed inconcussa legge, se i tempi, presupposta la forza acceleratrice, si dessero soltanto per lo spazio intiero dai pianeti descritto. Imperocché che cosa più certa, ed evidente, che i tempi, presupposta la forza acceleratrice crescente nella ragione inversa dei quadrati delle distanze, non possono farsi nella ragione sesquiplicata dei raggi? Non è il quadrato quadrato di essi in questa ipotesi, come il cubo dello spazio intiero descritto dai corpi, o rappresentandogli per gli spazj, o aree descritte dai pianeti, non si troverà il cubo dei tempi come i quadrati quadrati dei raggi? Noi abbiamo dimostrato queste verità al Num. 18. Coroll. III. nel moto rettilineo, presupposta la forza variabile in ragione inversa dei dei quadrati delle distanze; ma le leggi di moto, che dimostransi nel moto rettilineo, sono le medesime, che dimostransi nel curvilineo, presupposta la forza variabile nella stessa ragione: dunque tutta la teoria dei corpi celesti dimostrata dai Geometri, e confermata dalle osservazioni non può esser vera; e certamente si oppone alla teoria, se il moto planetario suppongasi non equabile, ed uniforme, ma accelerato veramente. Tuttavia la velocità dei pianeti non può comparire costante ed uniforme; e deve crescere, e diminuire, farsi maggiore o minore: imperocché una velocità interamente costante, ed uniforme può vestire forme, e figure differenti, e comparire costante, e variabile, ed essere soggetta a differenti leggi, se essa si computi non in se stessa, e si misuri per linee le di cui direzioni non sieno alla medesima parallele. Noi abbiamo dimostrato queste verità al Num. 49 misurando la velocità costante d'un mobile per le distanze ad un piano dato di posizione. Per questo motivo la varietà, e diversità delle leggi e dei rapporti meccanici nei movimenti indiretti, e curvilinei non tanto deriva dalla diversità, e varietà delle potenze producitrici del movimento, quanto dalla diversità delle forze risultanti, o dalla diversità delle loro direzioni, o dalle diverse distanze se si riferiscono ad un comune centro, o dalla maniera di computar la velocità in qualunque guisa generata, e trasfusa nei corpi. Quindi le medesime sono l'equazioni meccaniche, ora il moto suppongasi accelerato, ora equabile, ed uniforme, se le forze, e velocità dei medesimi si diano per gli spazietti, per cui si acquistano, e non già per gl'intieri spazj trascorsi. Con un solo esempio illustriamo questa verità.

56. Un corpo qualunque suppongasi viaggiare equabilmente per la periferia di un circolo: nessuna potenza venga ad esso applicata, e conservi inalterabilmente la sua velocità, la sua forza, e la sua direzione. Egli è certo, che il corpo sarà fornito di una velocità costante, e che gli spazj in tempi eguali descritti saranno eguali. Tuttavia il rapporto di questa velocità, e degli spazj descritti non sarà costante, né persevererà immobilmente il medesimo, se essi si riferiscano a differenti punti, e da essi si misurino. Imperocché una quantità individua comparata con quantità differenti non può avere a tutte il rapporto medesimo, né seguire costantemente una medesima legge. Or se differenti potenze costituite in quei punti differenti avessero la stessa ragione, che la velocità da quei punti misurata; chi potrà negare, o mettere in dubbio, che tutte queste potenze sarebbero valevoli ad indurre nel corpo quella velocità, e cangiamento? Adunque una medesima velocità, ed un medesimo cangiamento di stato potrà ottenersi nella natura da differenti forze, e da azioni differenti delle medesime, le quali tutte non saranno certamente le minime possibili.

57. Supponghiamo pertanto, che quella velocità si generi per l'azione di alcuna di queste potenze, e determiniamo la natura, e qualità di esse (Fig. 9). Giunto dunque il corpo nel punto A si tiri la tangente AN. Suppongasi un minimo movimento, per il quale si trasferisca il corpo nel punto m. Dal punto C si tiri la perpendicolare CA, e la linea Cm. Dal punto F si tiri la perpendicolare FL, e la perpendicolare FMn prolungata per fino alla periferia, e le linee FA, ed Fr. Col raggio FA si descriva il minimo archetto Aa, e dal punto m si tiri la perpendicolare mo. Chiamisi la potenza tendente al punto $F = f$, la potenza centripeta $= q$, e la tangenziale $= p$. Le forze di queste tre potenze devono essere uguali, essendo tutte tre valevoli d'indurre nel mobile la velocità stessa, e lo stesso cangiamento di stato.

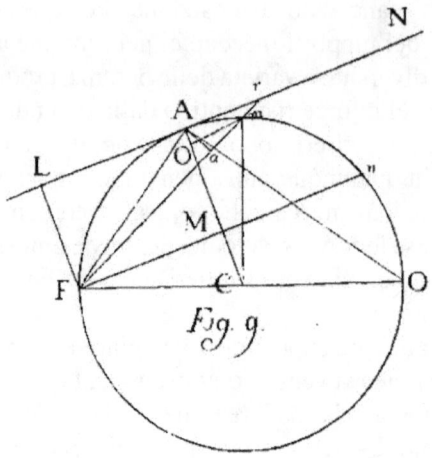

Fig. 9.

Chiamato per tanto lo *spazietto ra* = *dy*, *Ao* = *dx*, *Am* = *Ar* = *ds* avremo la forza della potenza *AF* per *AF* alla forza della medesima per *AN* :: *ds* : *dy* :: *f* : *p* ; dunque $\frac{f\,dy}{ds} = p$. Similmente la forza della potenza *q* per *Ao* alla forza della medesima per *Am* :: *Ao* : *Am* : *p* : *q* ; dunque $p = q \cdot \frac{Ao}{Am} = \frac{q\,dx}{ds}$. Computate le forze altro non ci vuole, che applicare le formole del *Galileo*. Chiamato pertanto il corpo = *m*, la velocità = *du*, ed il tempo *dt*, avremo

$$\frac{f\,dy\,dt}{ds} = \frac{q\,dx\,dt}{ds} = p\,dt = m\,du\,,$$

ed *f dy dt* = *q dx dt* = *p ds dt* = *m ds du*.

Questo presupposto io dico, che se la velocità sia generata soltanto dalla potenza tangenziale dotata della stessa direzione del corpo, l'equazione meccanica appartiene alla linea retta, la forza è come la potenza, ed il tempo come la velocità, ed hanno luogo non solo le due formole, ma le due leggi eziandio del *Galileo*, perché l'ultima equazione è divisibile esattamente per *ds*. Per lo che se altro non ricercasi, che determinare la velocità del corpo, il metodo del *Galileo* è universalissimo, e vale in qualunque ipotesi di movimento, ed il moto curvilineo non meno che il rettilineo sono soggetti alle sue leggi.

58. Se però la velocità del corpo non suppongasi generata dalla potenza tangenziale, né possa misurarsi per conseguenza dagli spazietti descritti dal corpo, ma soltanto dallo spazietto *dx*, per il quale si avvicina al centro della figura; la equazione *q dx dt* = *m ds du* non è divisibile né per *dx*, né per *ds*, né può per conseguenza ridursi alla linea retta. Essendo però per la proprietà del circolo costante la ragione di *ds* : *dx*, la forza potrà considerarsi come costante, ed una potenza costante, come la gravità ecc. potrà indurre nel mobile una velocità costante, e sarà la formola integrabile. Sostituendo pertanto in luogo di *ds*, *u dt*;

avremo $q\,dx = m\,u\,du$, ed integrando, e posto $R = x$, avremo $q = \frac{u^2}{2R}$, che è la legge dell'*Ugenio*, la quale vale soltanto, posta la forza variabile nella ragione inversa delle distanze, o dei seni formati dalle differenti direzioni. Finalmente se la velocità si riferisca allo spazietto dy, e per esso si misuri, sarà non solo d'ineguaglianza il rapporto di $ds : dy$, ma d'ineguaglianza variabile, persistendo il medesimo movimento.

Pertanto una potenza costante costituita nel punto F non potrebbe indurre nel mobile una velocità costante: potrà però indursi, se essa variabile fosse, ed avesse lo stesso rapporto che la velocità riferita a quel punto, e da esso misurata. Determiniamo pertanto il rapporto di questa potenza.

59. La forza della potenza f per AF alla forza della medesima per AC reciprocamente come $f : q :: AM : AF$, dunque $\frac{fq}{y} = q = \frac{m\,u^2}{2R}$, e sostituito il valore del raggio sarà $\frac{fq\,dy}{dq} = \frac{m\,u^2}{2}$. Se per questa equazione si divida l'equazione $f\,dy = mu\,du$, avremo $\frac{dq}{q} = \frac{du}{u}$, la quale integrata per modo, che posto $q = Q$ sia $u = V$; avremo $u = \frac{QU}{q}$, e $u^2 = \frac{Q^2U^2}{q^2}$; e sostituendo questo valore nell'equazione $\frac{fq\,dy}{dq} = \frac{m\,u^2}{2}$, si otterrà $\frac{fq\,dy}{dq} = \frac{m\,Q^2U^2}{q^2}$, ed $f = \frac{m\,Q^2U^2dq}{q^3\,dy}$, che è la formola Moivreana. Sostituendo in questa formola il valore di dq si otterrà

$$f = m\,\frac{Q^2U^2y}{R\,q^3};$$

alle medesime equazioni saremmo giunti, se il valore trovato della velocità, e la sua differenza l'avessimo sostituito in questa equazione $f\,dy = m\,u\,du$. Da queste formole, data la curva, si determina la natura, e la qualità della forza necessaria, a far sì, che il corpo descriva quella determinata figura.

60. Nella nostra ipotesi, essendo la figura circolo, avremo per la similitudine dei triangoli FMA, FAO, $AM ; FA :: FA : 2R$, dunque $AM = q = \frac{y^2}{2R}$, e $q^3 = \frac{y^6}{8\,R^3}$, e $dq = \frac{y\,dy}{R}$. Sostituiti questi valori nella formola si otterrà

$$f = \frac{m\,q^3U^3y \cdot 8R^3}{R\,y^6};$$

dunque

$$f = \frac{1}{y^5}$$

175

Cioè la forza centripeta, tendente ad un punto posto nella periferia del circolo, dev'esser variabile in ragione inversa quintuplicata delle distanze per indurre nel mobile una velocità costante, ed un costante cangiamento di stato. Colla stessa facilità si sarebbe determinato il rapporto della forza centripeta, costituita in un altro punto o fuori o dentro la periferia atta a generare nel corpo il medesimo cangiamento di stato. Ma simili ricerche ci allontanerebbero inutilmente dal nostro proposito. A noi basti aver dimostrato

I

Che le forze residenti nei corpi, e nelle potenze sono variabili, o mutate le distanze da un centro, o riferite le forze a centri differenti, o mutate le loro direzioni.

II

Che una medesima velocità può essere generata da forze differentissime, costanti l'une, e le altre variabili, se esse non sieno costituite nei punti medesimi, né abbiano le loro direzioni parallele; se però esse si costituissero parallele, e le forze si riferissero a' medesimi punti, o a punti onninamente simili, saranno simili le forze producitrici del medesimo cangiamento, ed osserveranno costantemente la medesima legge. Ed universalmente parlando, qualunque sieno le forze, e qualunque la loro situazione, forze dello stesso genere saranno soggette alle stesse leggi; né leggi differenti di moto potranno ottenersi in natura da forze dello stesso genere; dipendendo tutte essenzialmente dalla natura, e qualità della forza producitrice. Vedi Num. 13. 17.

III

Che tutte le forze, e tutti quanti mai movimenti possibili sono soggetti, e possono computarsi per le due formule del *Galileo*, né altro richiedesi, che computar la forza esistente nei corpi, e nelle potenze. Pertanto *la forza nel tempo, o nello spazietto, per cui si esercita la potenza, sarà sempre come la massa nella velocità.*

61. Questo teorema vale non meno nel moto accelerato, che nell'equabile, ed uniforme, e le leggi che dimostransi sono comuni alle due ipotesi di movimento. Se però il moto fosse accelerato; *la forza nello spazio intiero trascorso sarà come la massa nel quadrato della velocità.* In questo senso presi i due teoremi del *Galileo* sono universalissimi, non dipendenti da singolari ipotesi, e tutte le forze, e azioni loro, e tutti gli effetti della natura sono soggetti, e dipendenti da queste due universalissime leggi. Tuttavia le leggi di moto risultanti da queste due leggi saranno differentissime, ed ora si confonderanno colle leggi del *Galileo*, ora con quelle dell'*Ugenio*, ed ora saranno diametralmente opposte a tutte due, come si è asserito nella proposizione terza. Noi abbiamo dimostrato questa verità risolvendo il problema diretto: *data la forza ritrovare la velocità.* Ora illustreremo la verità medesima, risolvendo l'inverso problema.

PROBLEMA VII

Date le velocità, che il corpo acquista attratto da qualunque forza centripeta per le distanze dal centro, determinare la natura, e qualità delle forze.

RISOLUZIONE

Rappresenti la linea *CM* la scala delle velocità, che il corpo acquista a qualunque altezza, le due linee *RrN*, *CrR* la scala delle potenze centripete, sollecitanti il corpo verso il centro.

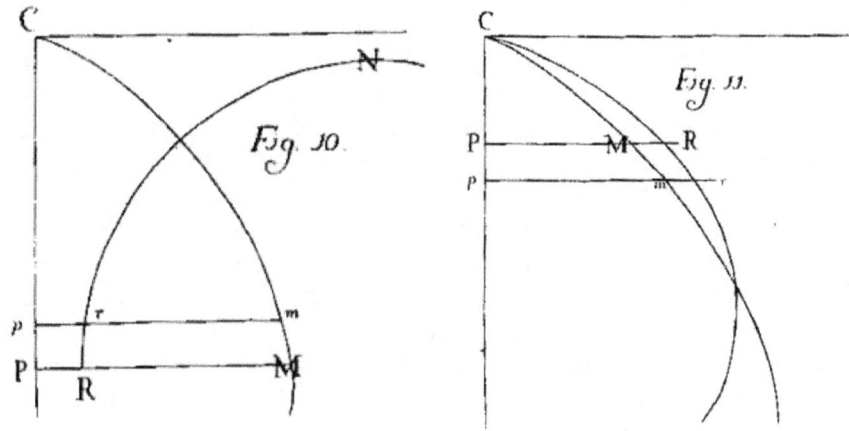

La figura 10. Serve per la ragione inversa, e la 11. Per la diretta. Questo supposto, chiamisi $CP = y$; $PM = u$; $PR = p$, ed avremo $\int p\,dy = u$, e differenziando, $p\,dy = du$, e $p = \frac{du}{dy}$, nella qual formola dandosi u per y l'incognite sono separate, se $u = (n + 1) \cdot y^{\frac{1}{n+1}}$ sarà differenziando

$$du = \frac{dy}{(n + 1) \cdot y^{\frac{n}{n+1}}}$$

Dunque

$$p^{\frac{1}{n+1}} = \frac{1}{(n + 1) \cdot y^{\frac{n}{n+1}}},$$

e

$$p = \frac{1}{(n+1)^{n+1} \cdot y^n}.$$

COROLLARIO I

Se $n = 0$, la forza è interamente costante, la linea RrN, esprimente la variazione della forza retta, è parallela alla linea CP, e l'equazione meccanica può e deve appartenere alla linea retta. Questa è l'ipotesi del *Galileo*, nella quale sono i tempi, come le velocità, ed i tempi, e le velocità come lo spazio, per cui si esercita la potenza.

COROLLARIO II

Se n = 1, la linea esprimente la scala delle velocità non può esser retta, e non possono aver luogo per conseguenza le due leggi del *Galileo*. La linea *RrN* è asintotica. La natura, e qualità degli assintoti dipende dal valore dell'esponente.

Qualunque però si sieno gli esponenti, la linea *PR*, esprimente l'ingrandimento della forza, non può divenire infinita, se non isvanisca la linea *CP*, né potrà svanire, prima che il corpo pervenuto sia nel centro. Questo è l'unico caso privilegiato, e considerato di sopra al Num. 13, ed in questo solo caso la curva esprimente l'azione della potenza potrà essere assintotica, e potrà integrarsi la formola nella maniera usata dai Matematici. Tolto questo punto, la forza quantunque variabile, e maggiore, o minore non può diventare infinita, né comunicare al corpo per un tempo, ed uno spazio finito una forza, e velocità infinita, come siè dimostrato di sopra.

COROLLARIO III

Se $u = \frac{y^{n+1}}{n+1}$, sarà differenziando $du = y^n \, dy$, dunque $p = y^n$. se $n = 0$, la forza è similmente costante, e la linea *CRr* retta, e parallela alla linea *CP*, come si è dimostrato di sopra.

COROLLARIO IV

Se $n = 1$, la linea *CRr* è retta, ma non parallela alla linea *CP*. Diminuendo la *CP*, diminuisce ancora la *PR*, in maniera che posto $y = 0$, è *PR* = 0; dunque la forza nulla, ed in quel punto il corpo non sarà sollecitato da veruna forza, e seguirà a muoversi equabilmente con quella forza, che ha acquistato, né più, né meno come si è fatto vedere Num. 14. Al contrario crescendo la *CP*, cresce ancora la *PR*, e diventa infinita, posto il corpo ad una distanza infinita dal centro. In qualunque altro punto la linea *PR* esprimente l'ingrandimento, o diminuzione della forza è sempre finita, e finita per conseguenza la sua azione, né infinito il rapporto della velocità generata riferita al tempo.

COROLLARIO V

Variando l'esponente n variano tutte le linee, e tutti i rapporti delle medesime; sicché non è possibile, che variando le forze non varino le leggi del tempo, e della velocità, e viceversa, e tutte le equazioni meccaniche, come mille e mille abbiamo inculcato, sono singolari tutte, e dipendenti da ipotesi, e circostanze particolari.

Conchiuderò con ritrovare quella curva, nella quale il corpo fornito di gravità costante, ora discenda per la verticale, ora per la periferia, arrivi sempre al punto infimo nel medesimo tempo. Noi abbiamo dimostrato Num. 33. Che se il corpo venga animato da forze centripete tendenti ad un centro comune, vi sarà sempre isocronismo, qualunque sieno le potenze, se poste le direzioni uguali, le loro forze in qualunque ragione crescenti, o diminuenti sieno uguali, e lo saranno necessariamente, purché si dividano esse nella ragione inversa delle distanze, e descrivano i corpi archi simili per conseguenza. In questa ipotesi gli archi in tempi uguali descritti saranno simili, ma non uguali, ed i corpi da ineguali altezze discendenti acquisteranno in tempi uguali forze, ed angolari velocità uguali. Al contrario nella presente ipotesi i corpi discendono dai punti medesimi per linee non aventi le stesse direzioni, e che formano un angolo qualunque. Pertanto non vi potrà essere isocronismo, se le potenze moltiplicate per gli spazietti in tempi eguali descritti non sieno interamente eguali. Quindi nel piano inclinato, nel circolo, e nella spiral logaritmica vi potrà essere isocronismo, discendendo i corpi per la periferia, o per linee verticali tendenti al centro della figura. Oltre queste figure altre ve ne sono, nelle quali i corpi, discendenti in tempi eguali, acquistano forze eguali, sebbene le velocità, che si acquistano, e gli spazj che passansi in tempi uguali, sieno disuguali. E questo vale ancora quantunque le figure sieno irregolari, né possa diffinirsi la loro proprietà. Vedasi l'*Eulero* Tom. 1. Cap. 4. prop. 27. 28.

Questo supposto, sia una curva qualunque *ADB*. Pervenuto il corpo nel punto D, si tiri la tangente DQ, (Fig. 12) e la linea DP denotante la forza, colla viene il corpo attratto, e la perpendicolare PQ alla tangente DQ.

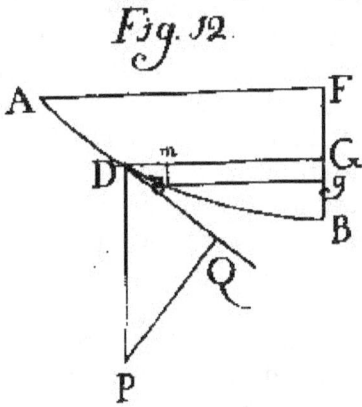

Fig. 12.

Suppongasi un minimo movimento, e trasferiscasi il corpo nel punto d. Chiamisi la potenza $DP = p$, e la tangenziale $DQ = q$, lo spazietto $Dd = ds$, $Gg = dm = dx$. Egli è certo, che la forza della potenza q alla forza della potenza $p :: Gg : Dd$, dunque $q = \frac{p\,dx}{ds}$ e per le condizioni del problema $= \frac{p\,s}{q}$; dunque $q\,dx = s\,ds$, ed integrando $qx = \frac{s^2}{2}$, e $\sqrt{2\,q\,x} = s$, e differenziando $\frac{dx\,\sqrt{q}}{\sqrt{2x}} = ds$, e $\frac{q\,(dx)^2}{2x} = (ds)^2 = dx^2 + dy^2$, dunque

$$dx^2 \cdot \frac{q - 2x}{2x} = dy^2,$$

dunque

$$dx \cdot \frac{\sqrt{q - 2x}}{\sqrt{2x}} = dy,$$

equazione della cicloide, il di cui circolo generitore ha per diametro $\frac{q}{2}$. Potendo esser q qualunque quantità ne siegue essere l'isocronismo proprietà di qualunque cicloide.

COROLLARIO

Se $dx = ds$, e gli spazietti in tempi uguali trascorsi sieno uguali, le forze saranno sempre costanti, ed in semplice ragione delle potenze, ed avranno perpetuamente luogo non solo le due formole, ma le due notissime leggi eziandio del *Galileo*. Quindi vi sarà necessariamente isocronismo, qualunque siansi le linee per le quali i corpi discendono, e le velocità acquistate, e gli spazj in tempi uguali trascorsi saranno eguali, poste le potenze uguali, o divise in ragione reciproca delle masse. Questa è la ipotesi del *Galileo*, da lui dimostrata nei gravi cadenti per linee verticali. La ipotesi però non manca quantunque le linee, per le quali i corpi discendono da uguali altezze, non sieno né rette, né verticali, ma curve, e di qualunque ordine, e di qualunque natura regolari esse sieno, o irregolari, purché sieno fra loro parallele. La ragione di questa verità è troppo sensibile e manifesta. Imperocché qualunque siasi il cangiamento della forza dei corpi discendenti per le medesime figure, è necessariamente il medesimo in tutti due; e la forza per conseguenza residente in essi necessariamente dipende dalla natura, e quantità dei corpi. Pertanto la forza tutta è nella semplice ragione dei corpi, e delle potenze, nella quale ipotesi, poste costanti le forze, hanno sempre luogo le due notissime leggi del *Galileo*.

Fin qui le mie riflessioni. Se esse fossero giuste, se nel dimostrare le fondamentali teorie, e le leggi della Meccanica, ed i metodi, ed i principj dei Matematici nel trattare le questioni meccaniche, avessi potuto evitare tutti i paralogismi, nei quali son caduti i più celebri Matematici, e potessi perciò ottenere l'approvazione della dotta Accademia, io crederei aver aperta una strada certa e sicura non solo per dimostrare le leggi tutte, e le sue teorie necessarie, ma per conciliare eziandio leggi con leggi, e teorie con teorie, ed i principj meccanici coi principj più giusti, e più evidenti della ragione. Per questo motivo io con piacere le assoggetto all'esame, e giudizio critico, e per me sempre rispettabile della dotta Accademia, lusingandomi, che vorrà approvare il mio zelo per la perfezione della Meccanica, e per la gloria del Padre, e Fondatore della medesima, se non avessi potuto eseguire, e condurre a perfezione il vasto, e glorioso piano proposto da essa.

IL FINE

INDICE

Finito di stampare nel mese di agosto 2016
da On-Demand Publishing, LLC
www.createspace.com

Direttore responsabile: Piero Gualtierotti

Comitato di redazione: Roberto Navarrini (*coordinatore*)
Giancorrado Barozzi, Eugenio Camerlenghi, Mauro Lasagna, Gilberto Pizzamiglio

Reg. Trib. Mantova n. 119 del 29.8.1966

www.ingramcontent.com/pod-product-compliance
Lightning Source LLC
Chambersburg PA
CBHW080617190526

45169CB00009B/3215